사진과 그림으로 보는

인류 진화의 일곱 걸음

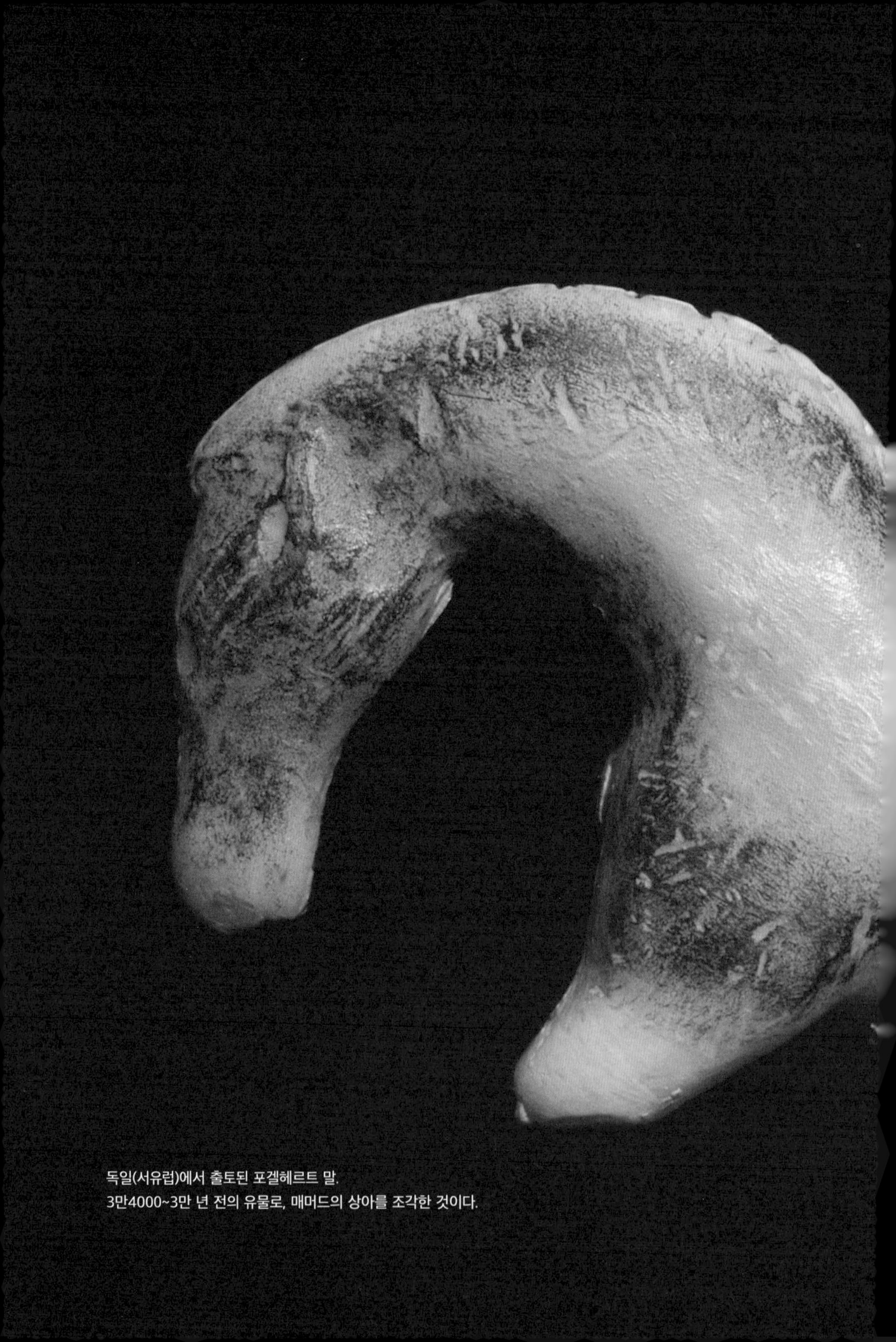

독일(서유럽)에서 출토된 포겔헤르트 말.
3만4000~3만 년 전의 유물로, 매머드의 상아를 조각한 것이다.

사진과 그림으로 보는

인류 진화의 일곱 걸음

패멀라 S. 터너 지음
존 거치 그림
장한라 옮김
서울과학교사모임 감수

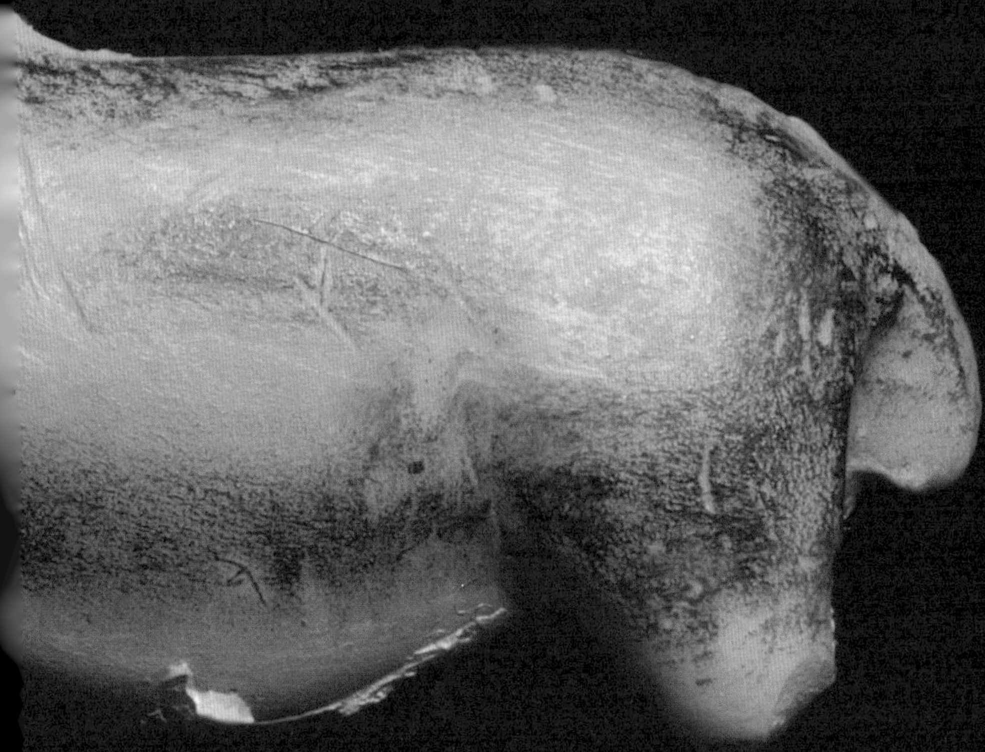

롤러코스터
Rollercoaster Press

일러두기

- 밑줄을 그어둔 단어는 188쪽 용어 설명 페이지에서 개념을 확인할 수 있다.
- 원저자가 달아둔 각주 외에도 설명이 더 필요한 경우 각주를 달았다.
  원저자의 주는 ●로, 편집부의 주는 ◆로 표기했다.

셰퍼드에게

–패멀라 S. 터너

모든 예술적인 면에서 나를 능가한 딸,

블라이스에게 바친다

–존 거치

차례

추천의 말_ 서울과학교사모임 · 8
서문_ 하비바 치르치르 박사 · 9
들어가며 · 12

우리는 어떻게 시작했을까 · 15

1단계: 일어서다 · 23
2단계: 돌을 깨부수다 · 41
3단계: 머리가 커지다 · 59
4단계: 하이킹에 나서다 · 77
5단계: 바비큐를 발명하다 · 95
6단계: 말하기 시작하다(그 뒤로 결코 입을 다물지 않다) · 113
7단계: 이야기꾼이 되다 · 135

결론: 지배하다 · 163

작가의 말 · 176
  인종에 관해 한마디
  진화에 관해 몇 마디 더
  화석, 인공물, 기후 변화의 시기를 추정하는 일에 관해 몇 마디 더

용어 설명 · 188
연대표 · 190
조금 더 완전한 호미닌 가족 목록 · 192
추천 도서와 웹사이트 · 196
감사의 말 · 198
출처 · 200
참고문헌 · 212
찾아보기 · 228

추천의 말

_ 서울과학교사모임

진화를 주제로 한 책은 주변에서 찾아보기가 어렵지요. 그만큼 진화는 희소한 주제 중 하나입니다. 이 책은 진화에 대한 새로운 접근 방식을 통해 이 주제를 더 잘 이해할 수 있도록 도와주는 가치있는 자료입니다.

《사진과 그림으로 보는 인류 진화의 일곱 걸음》은 첫째로 쉽습니다. 복잡한 진화 과정을 이해하기 쉬운 언어로 설명하지요. 예를 들어, 인류의 진화를 '일어서다' '돌을 깨부수다' '머리가 커지다'와 같은 일상적인 표현으로 설명해주어 중·고등학생 독자가 과학적 개념을 편하게 접근하고 이해할 수 있습니다.

둘째로 탐험 기회를 풍부하게 제공합니다. 진화에 대한 다양한 관점과 의견을 다루며 독자들이 진화에 대한 과학적 증거와 이론을 이해하고 탐구하도록 해주지요. 독자들은 자신의 생각과 가치관을 유지하면서도 과학적 사실을 고려하고 탐색할 수 있습니다.

이 책《사진과 그림으로 보는 인류 진화의 일곱 걸음》은 중학생과 고등학생 모두에게, 특히 생물학, 고생물학, 인류학, 과학사, 진화론 등에 관심을 가진 학생들에게 큰 도움이 될 것입니다. 책 속에서 펼쳐지는 인류의 진화와 관련된 흥미로운 이야기와 현대 과학의 최신 연구 성과들이 학생들의 과학 지식과 인류 역사에 대한 이해를 넓혀줄 것입니다. 또한 이 책과 더불어 환경 문제와 지구온난화에 대한 인식도 높일 수 있습니다. 과학뿐만 아니라 환경 문제에 관심을 가진 학생들에게도 추천하는 바입니다.

서문

_ 하비바 치르치르 박사

하비바 치르치르 박사
마셜대학교 생물학과 고인류학자, 스미소니언협회 인류 기원 프로그램 팀 연구원

패멀라 터너의《사진과 그림으로 보는 인류 진화의 일곱 걸음》을 연구자이자, 선생이자, 인간의 진화를 평생 공부해온 학생의 관점으로 읽었습니다. 바로 이런 눈으로 바라보면서, 패멀라가 누구나 읽기 쉬운 문체로 인간의 진화와 관련된 핵심 개념들을 설명했다는 데 감탄했습니다. 저자는 인간의 선사시대를 이해하려는 여정 속에서 광범위한 근거를 찾아내고 연구하는 전 세계 고인류학자들이 밝혀낸 내용을 설명합니다. 매력적인 방식으로 인간의 이야기를 들려주며, 근거와 생생한 묘사를 곁들여서 독자들이 우리 조상들의 고난, 회복력, 창의력이 담긴 이야기를 눈앞에 떠올릴 수 있게 해줍니다. 또한 인간의 진화와 관련된 문화적 맥락을 보여주며 우리 조상들의 복잡하고 상징적인 행동을 탐구합니다. 우리처럼 도구와 장신구와 예술을 창조해내던 조상들을 말이죠.

진화론은 과학적으로, 또 전 세계적으로 인정되는 이론입니다. 오랜 시간에 걸쳐 이뤄진 철저한 연구와 축적된 데이터가 뒷받침합니다. 인간의 진화는 바로 이 진화론이라는 폭넓은 이론의 영역 안에 자리 잡고 있습니다. 인간의 진화론을 뒷받침하는 증거들은 전 세계 연구자들의 국제적인 협업을 통해 쌓여왔습니다. 이 책에서 강조하듯이, 이 모든 작업은 가설을 반복적으로 엄격하게 시험하며 이뤄졌습니다. 여느 다른 과학자들과 마찬가지로 고인류학자들이 특정한 가설에 이의를 제기하거나 동의하지 않을 수도 있습니다. 그렇지만 최초의 현생 인류가 아프리카 대륙에서 진화해 나왔다는 사실에는 고인류학자들 모두 합의하고 있습니다. 그 가운데 일부는 유라시아, 오스트레일리아, 아메리카 대륙으로 이주해 살게 되었고, 나머지는 아프리카 대륙에 남았죠. 이 책은 이런 점들을 명료하게 설명합니다.

이 책은 인간의 변이형, 그러니까 소위 '인종'이라는 사안을 둘러싸고 오늘날 대중적으로 벌어지는 논의와도 연관이 있습니다. 모든 인간이 한 가지 종에 해당한다면, 대체 왜 이 종 안에는 이렇게나 많은 변이형이 나타나는 걸까요? 패멀라는 지리적 요인 및 환경적 요인과 관련된 최신 과학 근거들을 선보이며 이 질문에 답합니다. 이런 요인들은 우리가 인간의 변이형이라고 생각하는 것이 만들어질 때 한몫 거들었습니다. 저자는 이런 변이형이 어떻게 해서 '타자'라 여겨지는 사람들에게 해로운 방향으로 이용되었는지를 시간 순서대로 기록합니다. 이 책은 서로 다른 문화와 배경을 지닌 고인류학자들이 어떻게 계속 힘을 합쳐 인류의 포괄적인 이야기를 재구성하는지, 그리고 과거에 식민주의와 노예 제도를 정당화하는 데 이용되었던 '타자성' 개념을 해체하는지를 이해할 수 있게 해줍니다.

저는 대지구대에서 자라난 케냐인의 관점에서 이 책을 읽습니다. 대지구대는 이 책에 소개된 수많은 화석 증거들이 발견된 곳입니다. 글에 담긴 생생한 묘사는 제 고향은 물론이거니와 조상들의 화석을 발굴하며 학자로서 현지 조사를 하던 시절을 떠올리게 해줍니다. 제 어린 시절의 터전과 선조들의 땅에 얽힌 추억에 빠져들수록, 인류의 기나긴 역사 속에서 제가 차지하는 이루 말할 수 없이 자그마한 위치를 더 넓고 긴 시야로 바라보게 됩니다. 그 덕분에 저는 스스로를 미국에 사는 케냐인이자 동아프리카인인 동시에 서로가 상당히 연결되어 있었으며 지금도 여전히 연결되어 있는 커다란 전 지구적 사회의 일부라고 여기게 됩니다. 이 책을 읽으며 우리 모두가 이 세상을 살아가는 세계시민이라는 사실을 되새겼으면 좋겠습니다.

들어가며

300만 년 전, 지능을 지닌 생명체가 여러 은하를 아우르는 동물원에 데려다놓을 지구에서 가장 똑똑한 종을 찾으러 우리 행성에 왔다고 상상해보세요. 이 외계인들은 인간의 조상을 골랐겠죠, 그렇죠?

틀렸습니다. 이 외계 탐험가들은 돌고래를 데리고 사라졌을 겁니다.

만약 이 가상의 외계 생명체가 오늘날 다시 지구를 찾는다면, 한때 똑똑하기로 따지면 이류였던 동물들이 진화해서 도시를 짓고, 전쟁을 일으키고, 종이에 조그만 검은색 자국을 남겨 생각을 이쪽 뇌에서 저쪽 뇌로 옮긴다는 사실을 알고는 깜짝 놀랄지도 모릅니다.

어쩌면 그렇게 다시 찾아온 외계인들이 이렇게 말할지도 모르죠. "겨우 몇 백만 년 동안에 이렇게 달라지다니!"●

《사진과 그림으로 보는 인류 진화의 일곱 걸음》은 우리가 어떻게 지금에 이르렀는지를 담은 이야기입니다. 우리의 대가족, 직접적인 조상, 또 친척들에 관한 이야기죠. 우리 조상과 친척은 우리와 완전히 똑같지는 않았습니다. 대부분은 말을 할 줄 몰랐거든요. 이들에게 가장 중요한 소유물은

● 아니면 "재네가 여기를 어떻게 망쳐놨는지 **납득**이 가?"라고 할 겁니다.

바로 부서진 돌덩이였습니다. 그렇지만 이들도 우리처럼 뺨에 내려앉는 따뜻한 아침 햇살을, 혀에 닿는 꿀의 맛을, 친구가 끌어안을 때 느껴지는 안도감을 즐겼습니다. 이들도 우리처럼 독이 있는 뱀이라든지 어둠 속에서 큰 이빨을 드러내는 생명체들을 무서워했습니다. 이들도 우리처럼 삶이 자신들에게 어떤 사건을 내던지더라도 대처해야 했습니다.

우리 인간, 즉 호모 사피엔스는 지난 36억 년 동안 이 행성에서 진화해

온 수많은 종 가운데 하나일 뿐입니다. 생명체들은 저마다 굴곡진 진화의 길을 걸어왔습니다. 돌고래와 고래의 조상들은 바다에 들어갔던 육지동물이었습니다. 개미와 벌은 사회적 삶을 이례적인 극단까지 밀고 나갔습니다. 그리고 어떤 기생동물은 다른 동물의 뇌를 이용하는 방법을 발전시켰습니다.●

그렇지만 이런 모든 진화 이야기 가운데 아마 우리 인간의 이야기가 가장 희한할 겁니다.

● 이를테면 쥐가 고양이한테 친근하게 다가가도록 만드는 단세포 생물이라든가, 달팽이를 '디스코 좀비'로 바꾸는 기생충처럼요. 제가 지어낸 얘기가 아닙니다.

우리는 어떻게 시작했을까

2000만~1700만 년 전에 살았던 고대 아프리카 유인원. 침팬지나 고릴라 같은 현생 유인원과 마찬가지로, 이 고대 유인원은 어두운 색 얼굴과 털에다 그 아래에는 분홍빛이 감도는 흰 피부를 지녔을 것으로 보인다. 다른 고대 영장류와 현생 영장류의 두개골이 위쪽에 나와 있다.

동물원에 가서 침팬지, 보노보,◆ 고릴라, 오랑우탄을 보세요. 그러다 보면 우는 새끼를 어미가 다독이는 모습 같은 게 눈에 들어오며 이런 생각이 들지도 모릅니다. "와, 저것 좀 봐! 정말 **사람** 같다!"

뭐, 그렇죠, 사람이라면 누구나 그렇게 생각할 겁니다. 그 이유는 바로 우리가 너무나 **영장류**답기 때문이에요.

지구 위 생명체는 아마도 스스로를 복제하는 분자에서 시작되었을 겁니다. 이렇게 스스로를 복제하는 분자 가운데 일부가 결국 단세포 덩어리가 되었을 테고, 그 가운데 일부가 결국 다세포 덩어리가 되었을 테고, 그 가운데 일부가 결국 희한하고 미끌거리는 바다생물이 되었을 테고, 그 가운데 일부는 결국 물고기가 되었겠죠. 그 가운데 어떤 물고기는 펄떡거리며 바다 바깥으로 나와 결국 육지에 사는 도마뱀과 비슷한 생물이 되었을 겁니다. 도마뱀과 비슷한 생물 가운데 일부는 갈라져 나와 공룡이 되고, 또 다른 갈래는 최초의 포유류, 즉 쥐처럼 매력 넘치는 작은 생명체가 되었을 거예요.

◆ 침팬지의 한 아종이었으나 1933년 독립된 종으로 분류되었다.

6600만 년 전 공룡이 죽은 뒤,● 살아남은 생명체 가운데 우리 포유류도 있었습니다. 퍼져나갈 자리는 많았습니다. 포유류 가운데 우리 인간이 속한 무리는 영장류(원숭이, 유인원, 여우원숭이, 로리스원숭이, 안경원숭이 등)가 되었습니다. 우리 영장류는 열대우림이라는 환경에서 진화했습니다. 앞쪽을 향한 눈 덕분에 입체감을 잘 인식할 수 있어, 날아다니는 곤충을 낚아챌 수 있었습니다. 색을 알아볼 수 있어서 숲에 있는 초록색 나뭇잎 사이에서 잘 익은 과일을 찾아낼 수도 있었죠. (발톱 대신에) 손톱이 달린 날렵한 손으로 과일을 까고 꼬투리를 따서 열 수 있었습니다. 바로 이렇게 물체를 움켜쥐는 손에다 빙빙 돌아가는 어깨 관절까지 거들어주니, 나무 사이로 잽싸게 움직일 때 흔들거리는 가지를 붙잡기가 좋았습니다.

우리 몸이 영장류로 지냈던 과거에 뿌리를 내리고 있듯이, 우리 정신도 마찬가지입니다. 영장류는 사회적인 동물입니다. 우리는 함께 놀고, 싸우고, 끌어안고, 서로를 손질해줍니다. 우리는 서로를 통해 배우고, 서로 경쟁하며, 함께 협동합니다. 가까운 관계를 갈망합니다. 다른 이들과 동떨어지는 일은 벌을 받는 것과 같습니다.

스스로 복제하는 분자에서 세포 덩어리로, 미끌거리는 바닷속 짐승으로, 최초의 영장류로, 또 우리 인간으로 이어지는 이렇게 길고 느린 분투의 시간을 이끌고 온 것은 과연 무엇일까요? 인간은, 또 지구에 사는 온갖 생물은 어떤 과정을 거쳐 만들어졌을까요?

● 포유류들은 공룡을 멸종시킨 거대한 운석에게 감사 카드라도 보내야 할 겁니다.

진화로 들어가는 (진짜로) 짧은 샛길

종은 자연선택을 거쳐 진화합니다. 시간이 흐르면서 변화한다는 뜻입니다. 자연선택은 유전자를 통해 한 세대에서 다음 세대로 전해지는 생물학적 특성에 영향을 줍니다. DNA라는 분자 사슬로 이뤄진 유전자는 유기체를 만드는 법을 알려주는 화학적인 설명서입니다.

부모 둘이서 자식을 낳을 때마다, 부모의 유전자가 복제되고 재편성되며 새로운 변이형이 생겨납니다. 일란성 쌍둥이가 아닌 이상 여러분과 형제들은 서로 다른 유전자 조합을 지니고 있습니다. 여러분은 어머니의 코와 아버지의 눈을 닮았지만, 여러분의 자매나 형제는 가족의 또 다른 특징을 물려받았을 수도 있죠. 다른 종들도 마찬가지입니다. 한 둥지에 있는 개똥지빠귀도, 같은 배에서 태어난 새끼 늑대도, 똑같은 알주머니에 들어 있는 아기 거미도 제각기 형제와는 조금씩 다른 형질을 지니고 있습니다.

유전자가 재편성되면서 생겨나는 변이형 외에도, DNA를 복제할 때 생겨나는 작은 오류 때문에 나타나는 변이형도 있습니다. 이런 경우를 돌연변이라고 합니다. 우리는 누구나 유전체(우리 유전자의 집합을 이렇게 부릅니다) 안에 복제할 때 발생한 오류를 30~50개 정도 지니고 있습니다. 이렇게 돌연변이가 있다고 해도 대부분은 달라지는 것이 전혀 없습니다. 그렇지만 어떤 경우에는 달라집니다. 돌연변이 때문에 생겨났건, 유전자가 재편되다가 생겨났건 간에 다양한 형질이야말로 진화를 만들어내는 원재료입니다.

새끼 개똥지빠귀, 새끼 늑대, 어린 거미 하나하나는 살아가고 자라나는 동안 환경의 시험을 받습니다. 이 개똥지빠귀는 매를 피할 수 있을 만큼 민첩할까요? 이 늑대는 사슴을 잡을 만큼 재빠를까요? 이 거미가 만드는 그

마운틴고릴라 무리

물은 충분히 끈적거릴까요? 이 개똥지빠귀가, 늑대가, 거미가 유용한 유전적 형질(재각기 빠른 반사작용, 강인한 근육, 적당히 끈끈한 그물을 만들어내는 복부의 샘 등이겠죠)을 지니고 있다면, 이 동물은 살아남아서 자손을 남길 가능성이 큽니다. 이렇게 유용한 형질은 개똥지빠귀 집단 안에, 늑대 집단 안에, 거미 집단 안에 퍼져나갈 겁니다. 동물이 일찌감치 죽게 만들 법한 형질은 전달되지 않을 테고요.

진화에 관해 딱 한 가지만 기억해야 한다면, 바로 이걸 기억하세요. **환경이 시험하고, 환경이 선택합니다.**

아프리카 동부와 중앙에 있는 서늘하고, 축축하고, 고도가 높은 숲에 사는 고릴라 무리를 상상해보세요. 수컷 고릴라는 털이 유독 빽빽해서 몸을 따뜻하게 유지합니다. 그 무리에 있는 암컷 고릴라 가운데 한 마리는 털은 가느다란 편이지만, 면역 체계가 엄청나게 튼튼해서 질병을 잘 물리칩니다. 둘이서 낳은 새끼 네 마리 가운데 한 마리는 털이 굵으며 면역 체계는 그저 그렇고, 한 마리는 털이 가늘며 면역 체계는 그저 그렇고, 한 마리는 털이 굵으며 면역 체계가 엄청나게 튼튼하고, 한 마리는 털이 가늘며 면역 체계가 엄청나게 튼튼합니다. 이 네 마리 가운데 살아남아서 자기가 지닌 유용한 형질을 다음 세대에게 물려줄 가능성이 가장 높은 게 누구일지 여러분은 알아맞힐 수 있을 겁니다. 또 어릴 적에 사망할 가능성이 가장 높은 게 누구일지도 알아맞힐 수 있을 겁니다. 세대를 거듭하면서 이렇게 선택 과정을 거치면, 털이 빽빽하고 어떤 질병이든 물리칠 수 있는 고릴라들이 살아남을 겁니다.

그렇지만 반드시 **모든** 질병을 물리치는 건 아닙니다. 고릴라들이 끊임없이 자연선택을 거치는 것과 마찬가지로 바이러스, 박테리아, 기생충도 자연선택을 거칩니다. 숙주의 방어를 가장 잘 극복할 수 있는 무리가 자신들의 형질을 후대에게 물려주게 될 겁니다. 질병을 일으키는 유기체들의 수명은 대개 아주 짧습니다. 그래서 이들은 새로운 형질을 매우 빠르게 진화시킬 수 있습니다. 바로 이런 이유로 코로나19 바이러스가 전 세계로 퍼져나가는 동안 수많은 변이형이 등장했던 것이죠.

자연선택을 거쳐 진화하는 것을 '적자생존'◆이라고 부르기도 합니다. 이렇게 얘기하면 마치 가장 크고 좋은 게 항상 최고일 것만 같습니다. 그렇지는 않습니다. 진화에서 '적자'를 판가름하는 기준은 오로지 생존한 자손의 숫자입니다. 때로는 '적자'가 크고 강한 것이 될 수도 있습니다. 그렇지만 특정한 유형의 음식을 더 잘 소화한다든가 특정한 방식으로 행동하는

◆ 환경에 적응하는 생물만이 살아남고, 그렇지 못한 것은 도태되어 멸망하는 현상. 영국의 철학자 스펜서가 제창했다.

것을 가리킬 수도 있습니다. 어느 코끼리 한 마리가 아주 헌신적인 어머니 역할을 하며 자손을 네 마리 남기고, 이 자손들이 다시 누군가의 부모가 된다면, 맨 처음의 어미 코끼리가 지녔던 유전자는 새끼를 한 마리만 키우며 양육에 무관심한 어미 코끼리의 유전자보다 다음 세대에 더 큰 영향을 끼칠 겁니다.

수없이 다양하고 끊임없이 변화하는 환경은 수십억 년이 흐르는 동안 생명체들을 시험하고 선택했습니다. 박테리아 등 어떤 생명체들은 그다지 달라진 점이 없어 보입니다. 그렇지만 겉모습에 속지 마세요. 현생 박테리아는 수십억 년 동안 진화를 거쳐온 몸입니다. 그 결과 이들은 자신들이 사는 작은 환경(이를테면 여러분의 위장 안처럼요)에서 살아남는 데 아주 뛰어납니다.

장기간에 걸쳐 시험과 선택을 거치면서 각각의 생명체들은 서로 다른 진화의 길을 걸어왔습니다. 그리고 이들의 후손은 거기서 가지를 뻗어 나오며 한층 더 다른 길을 걸어갔습니다. 어떤 후손들은 멸종했습니다. 또 다른 후손들은 변화를 이어갔습니다. 진화라는 과정이 만들어낸 결과는 바로 '지구라는 행성 위에 어마어마하게 다양한 생명체가 사는 것'입니다. 우리, 바로 호모 사피엔스를 비롯해서 말입니다.

이렇게 우리는 지구의 위대한 생명의 나무 위에 자리 잡고 있습니다. 우리는 영장류 가지에 매달려서, 우리 동료인 유인원과 모여 있습니다. 침팬지, 보노보, 고릴라, 오랑우탄 말입니다. 그렇지만 우리는 이 털 달린 친척들과는 아주 다른 외모를 지니고, 아주 다르게 행동합니다. 왜일까요?

우리가 인간이 되기 위해 가장 먼저 내딛었던 발걸음이 바로 그 차이를 만들어낸 원인입니다. 발걸음 그 자체 말이죠.

일어서다

1단계

수컷 오스트랄로피테쿠스 아파렌시스(왼쪽)와 수컷 오스트랄로피테쿠스 아프리카누스(오른쪽). 이 두 종류의 오스트랄로피테쿠스 모
두 똑바로 서서 걸을 수 있으면서도 여전히 나무를 제법 잘 탔다.

주위를 둘러봅시다. 6000종이 넘는 포유류 가운데, 일상적으로 두 다리를 써서 (폴짝거리며 뛰는 게 아니라) 걷는 포유류는 몇 종류나 될까요?

정답. 바로 우리 인간뿐입니다. 바보같이 목이 긴 기린이나 우스꽝스러운 코가 달린 코끼리는 인간에 비하면 아무것도 아닙니다. 우리 인간이야말로 정말 이상한 생물입니다.

800만 년쯤 전, 인간의 머나먼 조상은 아프리카 전역에 퍼져 있는 광활한 열대우림에 사는 유인원이었습니다. 아프리카 대륙의 지각에는 서서히 금이 갔습니다. 지각이 양쪽으로 갈라지자 사이에 있는 땅이 푹 꺼졌고, 그러면서 동아프리카 지구대가 생겨났습니다. 아프리카 대륙의 동쪽을 따라 가파른 열곡이 쭉 이어지게 된 것이죠. 땅의 생김새가 달라지자 비가 내리는 패턴도 바뀌었습니다. 한때 빈틈없이 정글이 들어차 있던 곳에는 삼림지대, 관목지대, 초원이 얼기설기 이어지게 되었습니다. 그 사이로 강이 흐르고, 군데군데 호수와 습지가 나타났죠.

700만~600만 년 전 무렵, 숲에 살던 유인원은 두 무리로 나뉩니다. 열대우림이 남아 있던 서쪽에서는 유인원들이 예전 모습 그대로 살아갔습니다. 이 가운데 일부 유인원은 나중에 오늘날의 침팬지와 보노보로 진화하게 됩니다(침팬지와 보노보는 동물의 왕국에서 우리 인간과 가장 가까운 친척입니다. 유전자를 따져보면 인간은 양쪽 모두와 똑같이 가깝습니다).

그렇지만 숲이 자취를 감춘 아프리카 반대편에서는 유인원들이 예전 모습대로 살아갈 수 없었습니다. 이렇게 숲을 잃어버린 유인원에서 우리 인간이 생겨났죠.

현대의 침팬지들은 대부분 숲에 산다. 물건을 움켜잡을 수 있는 침팬지의 발은 나무를 타고 오를 수 있도록 적응한 결과다.

한 해 한 해가 지나고, 천년 또 천년이 지나며 아프리카 열곡이라는 환경은 그곳에 살고 있던 모든 생물체를 시험에 빠뜨렸습니다. 생물들이 살아남고 재생산을 하는 데 도움이 되는 특성이 생물들 사이에서 퍼져나갔습니다. 그런 변화들이 모두 쌓여서 마침내 조상과는 다르다고 할 만한 새로운 생명체를 만들었고, 이를 새로운 종으로 여기게 되었죠.

과거에 숲에 살던 영양들은 평원과 삼림 지대의 거친 풀에 알맞게끔 적응한 이빨과 소화기관을 지닌 영양으로 진화했습니다. 포식동물들도 바뀌었죠. 검치호랑이◆는 세 가지 종류로 진화했습니다. 하나는 표범 크기였고, 하나는 사자 크기였고, 또 하나는 덩치가 매우 커서 만약 오래전 우리 조상들이 – 이런 성향이 있었을 때의 얘기지만 – 두 다리로 서서 다가갔다면 이 커다란 고양잇과 동물과 눈높이가 맞을 정도였습니다.●

◆ 250만~1만 년 전 남북아메리카 대륙에 살았던 포유류로 거대한 송곳니를 지니고 있었다.

과거 숲에 살던 유인원이 덩치 큰 포식자들이 득실거리는 데다 시야도 넓게 트인 지형에서 살아남았다고 한다면 믿기 어려울지도 모릅니다. 환경이 심하게 바뀔 때면 적응을 아예 못 하거나 빠르게 못 하는 종들이 많습니다. 이런 종은 멸종하죠. 그렇지만 우리 조상들에게는 도움이 되는 네 가지 중요한 장점이 있었습니다.

장점 1. 입맛이 까다롭지 않았습니다

오늘날의 침팬지와 마찬가지로 우리의 조상인 숲에 살던 유인원들은 과일, 견과류, 잎사귀, 곤충, 꿀, 그리고 간혹 가다 고기를 먹고 지냈을 겁니다(물론 침팬지들도 지난 600만~700만 년에 걸쳐 진화를 했습니다. 그렇지만 침팬지들은 주로 열대우림을 서식지로 삼고 있기에, 과학자들은 지금의 인간보다는 침팬지들이 숲에 살던 일반적인 조상 유인원들과 겉모습도 행동도 더 비슷할 것이라고 봅니다).

아프리카 열곡의 다채로운 지형에서는 다양한 먹을거리가 많이 생겨났습니다. 얕은 물에서 헤엄치는 물고기, 모래에 덮인 뿌리, 어린 새, 마른 꼬투리 등이었죠. 오래전 조상들은 간혹 가다 큰 보물을 발견하기도 했습니다. 이를테면 검치호랑이 침이 뒤범벅된 채 사흘 내내 햇볕 아래서 숙성된 메소히푸스mesohippus◆ 시체처럼요.

그것 보세요, 입맛이 까다롭지 않다고 했죠?

● 이런 성향이 다음 세대에 전해질 가능성은 적을 텐데요, 제 말이 어떤 뜻인지는 아시겠죠?

◆ 몸 길이는 1.3미터 정도이고 다리에는 세 개씩 발가락이 있다. 올리고세에 생존했던 화석마化石馬로 3700만~3200만 년 전 북아메리카에 살았다.

장점 2. 문제를 해결하면서 음식을 구했습니다

숲에 살던 조상 유인원들은 '채취 약탈자'였습니다. 채취 약탈자는 영양가가 있지만 구하는 데 노력이 들어가는 음식을 얻어내는 법을 익히면서 살아갑니다. 오늘날의 침팬지와 마찬가지로, 숲에 살던 조상 유인원들은 두말할 것 없이 능숙하게 과일 껍질을 벗기고, 견과류를 깨부수고, 꼬투리를 뜯고, 유충을 파내고, 벌집을 박살내서 열었습니다. 채취 약탈자가 되려면 기억력도 좋아야 합니다. 1년 중에 특정 장소, 특정 시기에만 구할 수 있는 음식이 많기 때문이죠. **'무화과는 언제 다 익지?' '야생 오이는 어디 가면 찾을 수 있지?'** 열곡에 있는 다양한 서식지에서는 이런 문제 해결 능력이 생사를 갈랐습니다.

장점 3. 모여서 생활했습니다

오늘날의 침팬지와 보노보들은 대개 무리를 지어 돌아다닙니다. 숲에 살던 우리 조상 유인원들도 아마 그렇게 무리 생활을 했을 것입니다. 기어오를 만한 나무가 별로 없는 탁 트인 지형에서는 사회적으로 생활하는 것이 특히나 도움이 되었습니다. 외따로 떨어져 있는 유인원 한 마리를 손쉽게 낚아채려던 포식동물은 서른 마리 유인원 무리라면 훨씬 더 주의를 기울여야 했을 테니까요.

장점 4. 이미 두 발로 설 수 있었습니다

진화는 뭐가 되었든 그 근방에서 당장 손에 잡히는 것들을 대상으로 일어납니다. 700만 년 전에 당면했던 것은 문제를 해결할 줄 알고, 무리를 지어 숲에 살던 유인원이었습니다. 이 유인원은 어떤 것을 먹을 수 있는지에 관해 광범위한 지식을 지니고 있었고, 다양한 방법으로 이동할 수 있었습니다. 두 발로 걷는 것도 그 방법 가운데 하나였죠.

우리의 똑바로 선 자세가 언제부터였는지 명확하지는 않습니다. 1200만~1000만 년 전쯤 살았던 유인원 몇 종류는 똑바로 선 자세로 팔을 써서 나뭇가지에 매달리며 나무를 기어올랐을 겁니다. 현생 원숭이와 보노보도 때로는 이런 방식으로 나무에서 이동합니다. 땅에서는 손가락 관절을 이용해 걸어가지만요. 인간과 침팬지, 보노보의 제일 마지막 공통 조상들은 주로 손가락 관절을 이용해 걸어 다녔을까요, 나뭇가지를 써서 걸어 다녔을까요? 아니면 두 가지 방법 모두에 능했을까요? 우리는 알 길이 없습니다.

두 발로 돌아다니면 장점이 여러 가지입니다. 숲에 살던 우리의 조상 유인원들은 탁 트인 공간에 살게 되자 똑바로 일어서는 능력 덕분에 더 쉽게 주변을 둘러보며 음식이나 포식자를 찾아낼 수 있었습니다. 똑바로 서는 유인원은 네 다리로 걷는 유인원보다 덩치가 더 커 보이기도 합니다. 덩치가 더 커 보이면 포식자나 경쟁 관계인 유인원을 겁 줘서 쫓아내는 데도 도움이 되었을지 모릅니다. 그리고 서 있으면 유인원의 체온이 더 시원하게 유지됩니다. 일어서면 내리쬐는 햇볕을 직접 받는 몸의 면적이 줄어드니까요.

선다는 것은 유용했습니다. 두 발로 걷는 건 훨씬 더 유용했죠. 우선 한 가지 이유를 꼽아보자면, 손가락 관절을 이용해 걷는 것보다 두 발로 걷는 게 에너지가 덜 들었습니다. 두 발로 걸어 다니면 손이 자유로워져서 아기를 데리고 다니거나, 막대기를 던져 뱀을 쫓거나, 머리 위쪽에 달린 나뭇가지에서 열매나 꼬투리를 모을 수 있었습니다.

환경이 똑바로 일어서거나 두 다리로 걷는 걸 가장 잘하는 유인원이 살아남는 데 유리했다면, 이 개체들이 자손을 더 많이 남겼을 겁니다. 이들이

사헬란트로푸스 차덴시스는 700만~600만 년 전에 살았으며, 주로 두 발로 걸어 다녔던 최초의 유인원일지도 모른다.

지닌 유용한 형질, 즉 약간 더 굵은 다리뼈나 약간 더 납작한 발바닥 등이 영장류 사이에 퍼져나갔겠죠. 여러 세대를 거치고 나면 결국 새로운 종으로 진화할지도 모릅니다.

과학자들은 700만~520만 년 전에 살았던 서로 다른 세 유인원의 뼈 화석 일부를 발견했습니다. 바로 사헬란트로푸스 차덴시스, 오로린 투게넨시스, 아르디피테쿠스 카다바입니다. 사헬·오로린·카다바는 현생 침팬지와 크기가 거의 비슷했습니다. 그렇지만 숲에 살던 유인원은 아니었습니다. 셋 다 열대우림이 사라지고 삼림지대, 초원, 호수가 뒤섞여 그 자리를 차지한 지역에 살았지요. 이들의 뼈에서 얻은 작은 단서들을 살펴보면 이 유인원들이 두 다리로 걸어서 이동했을지도 모른다는 점이 드러납니다. 지금 우리 인간이 걷는 것만큼은 아니지만, 현생 침팬지나 보노보보다는 훨씬 나았을 겁니다. 그러면서도 여전히 나무에 오를 수 있었죠.

또 사헬·오로린·카다바는 치아에 무언가 특이한 점이 있었습니다. 이들의 송곳니는 그만한 덩치의 유인원이 지닐 거라고 예상되는 수준보다 크기가 작았습니다. 현생 대형 유인원은 주로 공격성을 드러낼 때 송곳니를 사용합니다. 이런 공격적인 행동은 수컷에게서 더 흔히 나타나는지라 수컷의 송곳니가 암컷의 송곳니보다 현저하게 큽니다. 사헬·오로린·카다바가 입에 장착하고 다니던 칼의 크기가 줄어들었다는 것은 조금 더 온화하게 행동하는 쪽으로 진화했다는 의미일지도 모릅니다. 이는 서로 붙어 다녀야 했던 것과 관련이 있을 수 있지요. 아무튼 개체 수가 많아서 안전하다면, 같은 무리에 있는 동료에게 송곳니를 찔러 넣어서는 안 될 테니까요. 그렇지만 노벨평화상 같은 건 아직 줄 때가 아닙니다. 사헬·오로린·카다바가 두 발로 서서 자유로운 손을 이용해 돌을 던질 수 있었기 때문에 굳이 튼튼한 송곳니로 경쟁자를 위협할 필요가 없었을 가능성도 있거든요.

사헬란트로푸스 차덴시스(사헬), 오로린 투게넨시스(오로린), 아르디피테쿠스 카다바(카다바), 아르디피테쿠스 라미두스(아르디), 오스트랄로피테쿠스 아파렌시스(루시의 종), 오스트랄로피테쿠스 아프리카누스 등이 발견된 장소

안타깝게도 우리는 사헬·오로린·카다바에 관해 아는 것이 별로 없습니다. 이들의 뼈를 거의 찾아내지 못했거든요. 과학자들이 으레 얘기하듯이, 화석을 통해 우리 종의 역사를 이해하려는 것은 마치 몇 장면의 사진만 가

지고 복잡한 영화 줄거리를 알아내려는 것과 같습니다.

우리가 얻은 약 450만 년 전의 또 다른 사진이 있습니다. 바로 아르디입니다. 과학자들은 아르디와 같은 종(아르디피테쿠스 라미두스)에 속한 개체 수십 개가 남긴 뼈 화석을 발견했습니다. 아르디는 키가 작았습니다. 대략 120센티미터 정도였죠. 아르디는 삼림 지대와 드문드문 자라난 숲이 뒤섞인 서식지에 살고 있었으며, 아마도 침팬지처럼 과일, 견과류, 씨앗, 유충, 꿀에다가 덩이줄기(먹을 수 있는 뿌리)까지 먹었을 것입니다. 아르디의 팔뼈는 길이가 깁니다. 손가락뼈는 길고 굽어 있습니다. 물체를 붙잡을 수 있는 큰 발가락을 보건대 어느 정도는 나뭇가지를 붙잡고 매달려서 지냈던 것으로 생각됩니다. 그렇지만 아르디는 침팬지나 고릴라처럼 손가락 관절을 이용해 걷는 현생 영장류와는 다르게 생긴 손목과 손을 지니고 있었습니다. 아르디는 척추, 다리, 발, 골반에 의지해 땅 위에서 똑바로 서서 이동할 수도 있었습니다. 아직 효율적으로 걷거나 뛰지는 못했지만요. 효율적으로 걸으려면 각진 허벅지뼈, 유연한 발, 넓은 골반이 필요합니다. 아르디는 그저 목적지를 향해 가는 도중이었다고 할 수 있죠.

기억해두세요. 자연선택은 주변에 널린 어느 것에든 작용합니다. 완벽하거나 최적의 형질이어야만 후손에게 물려주는 건 아닙니다. 그저 전에 있었던 것보다 조금 낫기만 하면 됩니다. 만약에 진화에 좌우명이 있다면 이런 것일 겁니다. **그래, 이만하면 괜찮아.**

아르디의 몸은 아직 똑바로 서서 걷는 데 최적화되지는 않았습니다.● 그렇지만 450만 년 전에는 아르디 정도면 충분히 괜찮았죠.

● 우쭐해하지는 마세요. 우리 몸도 최적화된 것은 아닙니다. 그래서 허리에 말썽이 생기는 사람이 많은 겁니다.

아르디가 살았던 때보다 10만 년쯤 흐른 뒤, 오스트랄로피테쿠스가 등장했습니다. 아마도 아르디의 후손이었을 겁니다. 인간의 진화사 속에서 오스트랄로피테쿠스로 진화한 사건은 "**짜잔!**" 하고 벌어진 것만 같습니다. 과학자들은 우리가 사헬, 오로린, 카다바, 아르디 가운데 누구의 후손인지는 확실히 알지 못합니다. 우리와 바로 연결된 조상은 어쩌면 아직 발견이 안 된 종일지도 모르고요. 오스트랄로피테쿠스의 경우는 얘기가 다릅니다. 오스트랄로피테쿠스에 해당하는 종은 최소 6종류였고, 이 종들은 200만 년 정도를 살았습니다. 화석이 된 이들의 유해는 중앙아프리카, 동아프리카, 남아프리카에서 발견되었습니다. 이 오스트랄로피테쿠스 종 가운데 하나가 분명 우리와 직접 연결된 조상일 겁니다(한 30만 세대 정도를 거슬러 올라갑니다).

놀라우리만치 다양한 동물들이 살아가는 현재의 아프리카는 이미 사라진 오스트랄로피테쿠스의 세상에 비하면 빈약한 편입니다. 오스트랄로피테쿠스는 검치호랑이, 사자, 표범, 긴 다리로 사냥을 다니는 하이에나 틈에서 살았습니다. 크기가 물소만 한 돼지, 몸무게가 130킬로그램이나 나가는 개코원숭이, 무스처럼 갈라진 뿔이 돋고 목이 짧은 기린, 꼭 누가 잡아당겨서 구부린 다음 끝을 다시 박아둔 것 같은 상아와 짧은 코가 달린 코끼리도 있었습니다.

오스트랄로피테쿠스 아파렌시스는 370만~300만 년 전에 살았습니다. 특히 손꼽히는 발견이었던, 동아프리카 지구대 북쪽 끄트머리에서 나온 320만 년 전 화석은 발견 당시 과학계를 뒤집어놓았습니다. 그렇게나 오래된 생명체의 뼈를 한가득 발견하자 대부분의 과학자들은 기쁨을 주체하지 못했습니다. '루시'라는 별명이 붙은 이 뼈는 몸의 40퍼센트가 온전히 남아 있었습니다.

오스트랄로피테쿠스 아파렌시스(루시와 같은 종) 가족

아르디와 비슷하게, 루시도 키가 겨우 90~120센티미터 정도였습니다. 긴 팔과 구부러진 손가락뼈를 보자면, 아직 루시는 나무를 잘 탔지요. 루시가 속한 종은 아마도 나무에서 먹을 것을 찾고, 밤이 되면 안전한 나무로 몸을 숨겼을 겁니다. 어둠 속에서 어슬렁대며 무언가를 노리는 포식자에게 공격받을 수도 있다는 두려움은 지금 우리에게도 계속 남아 있습니다. 공포 영화에 깔려 있는 공포와 똑같습니다.

발, 발목, 무릎, 엉덩이의 차이점을 따져보면 아르디보다 루시가 똑바로 서서 더 잘 걸었습니다. 아르디에게는 사물을 붙잡을 수 있는 큰 발가락이 달리고 침팬지를 닮은 발이 있었지만, 루시의 발가락은 우리의 발가락처럼 앞을 향해 나 있었습니다. 그리고 루시의 허벅지뼈는 현생 인류와 마

찬가지로 무릎을 향해 안쪽으로 굽어 있었습니다. 허벅지뼈가 굽어 있으면 효율적으로 걷기에 좋습니다. 양쪽 다리가 몸의 중심과 가까울수록, 한 번에 한쪽 다리에만 몸무게를 전부 싣기가 쉽습니다. 침팬지처럼 숲에 사는 영장류는 허벅지뼈가 안쪽으로 굽어 있지 않아 이렇게 할 수가 없습니다. 그래서 똑바로 일어서서 걸으려면 몸무게를 이쪽 끝에서 저쪽 끝으로 옮겨가면서 어색하게 뒤뚱거려야 합니다. 루시 같은 오스트랄로피테쿠스는 침팬지처럼 걸어 다니지 않았습니다. 거의 사람처럼 걸어 다녔죠.

놀랍게도, 이런 사실을 증명하는 발자국이 있습니다. 370만 년쯤 전, 탄자니아(동아프리카)에 있던 어느 화산이 계곡을 뒤덮을 만큼 화산재를 토해냈습니다. 몸집이 제각기 다르고 두 다리로 걷는 영장류 세 마리가 빗물을 머금은 화산재 위를 걸어갔고, 이 화산재는 나중에 굳어 바위가 되었습니다. 이렇게 걸어간 영장류는 루시와 같은 종이었을 수도 있고, 다른 오스트랄로피테쿠스 종이었을 수도 있습니다. 그렇지만 그렇게 걸어간 게 누구였든, 이 오래전 흙먼지에는 우리와 비슷한 걸음걸이가 남아 있습니다. 이들의 발자국은 인간의 발자국

탄자니아 라에톨리에서 발견된 370만 년 전 발자국

과 비슷하게 이동 방향을 따라 서로 가까이 붙어 있고, 발이 땅바닥을 내리누르고 다시 딛고 나오면서 발바닥의 일부가 다른 부분보다 더 아래로 가라앉았습니다. 한 영장류의 발자국을 보면, 마치 한쪽 엉덩이에 무게가 더 실린 것처럼 한쪽 발자국이 다른 쪽보다 깊습니다. 혹시 아기를 데리고 걸어갔던 걸까요?

그러니 오스트랄로피테쿠스는 똑바로 서서 걸었던 겁니다. 이들의 머릿속에선 어떤 일이 벌어지고 있었을까요?

숲에서 살며 손가락 관절을 이용해 걷던 영장류가 삼림지대, 습지, 초원에 살며 똑바로 서서 걷는 영장류로 진화한 지 350만 년 정도가 지났습니다. 이들의 뼈, 근육, 인대는 달라졌습니다. 이들은 음식을 찾아다닐 때 힘을 덜 들이고도 더 멀리까지 걸어 다닐 수 있었습니다. 그렇지만 뇌는 여전히 크기가 거의 똑같았습니다. 뇌의 부피를 따져본다면, 오스트랄로피테쿠스의 뇌는 약 450입방센티미터(mL)였습니다. 이는 현생 침팬지의 두뇌와 비슷한 크기입니다. 현생 인류의 두뇌는 이보다 3배 정도 큽니다(1350mL). 이쯤에서 뇌와 몸의 비율을 살펴보자면, 지능 부문에서는 고대 돌고래들이 우리 조상들보다 더 뛰어났을 겁니다.

오스트랄로피테쿠스에게는 인간의 언어와 견줄 만한 게 전혀 없었습니다. 뼈에서 얻을 수 있는 증거를 살펴보면, 이들은 숨을 내쉴 때 미세한 진동을 만들어낼 만한 목구멍이 없었습니다. 아마 오스트랄로피테쿠스는 침팬지처럼 의사소통을 했을 겁니다. 콧방귀를 뀌는 듯한 소리, 꿀꿀대는 소리, 비명 소리, 간단한 몸짓 등을 써서 말이죠. 분명 침팬지와 비슷한 방식으로 경고를 했겠지요. 경고를 울릴 만한 포식자들이 넘쳐났으니까요. 덩치 큰 하이에나와 커다란 검치호랑이로도 모자라 오스트랄로피테쿠스는 하늘도 예의주시해야 했습니다. '타웅 아이Taung Child'라고 알려진 어린

마카판스가트의 조약돌. 책을 거꾸로 뒤집어 보면 조금 다르게 생긴 얼굴이 보인다.

오스트랄로피테쿠스의 두개골 화석을 보면, 아프리카 독수리가 머리를 움켜쥐었던 게 확실히 드러납니다.

이렇게 언제나 존재하는 위험 때문에 오스트랄로피테쿠스는 붙어서 지내게 되었을 것입니다. 사회적 동물이었던 이들은 누가 자신의 무리에 소속돼 있고, 누가 낯선 이인지를 알고 있었습니다. 어머니와 어머니 계통의 형제 등 가까운 친족은 알아보았을 것이라 짐작할 수 있습니다. 침팬지와 보노보는 짝짓기를 하는 상대와 오랜 기간 유대를 맺지는 않습니다. 오스트랄로피테쿠스도 그러지 않았을 가능성이 있습니다.

이웃한 두 오스트랄로피테쿠스 집단이 만났을 때는 평화롭게 상호작용했을 겁니다. 또는 상황에 따라서는 그다지 평화롭지 않았을 수도 있습니다. 어쨌든 특정 개체가 '집단 내부'라는 걸 인식할 수 있다는 것은 곧 그 밖에 다른 개체들은 '집단 외부'라는 의미입니다. 여러분이 점찍어둔 무화과나무나 혹멧돼지 시체에서 외부자를 마주친다면 달갑지 않겠죠.

오스트랄로피테쿠스는 자신들의 집단 구성원에게 애정을 품었을까요? 음식을 나누어 먹거나, 아프거나 다친 이를 도와주었을까요? 궁금해하거나 상상을 펼쳤을까요? 확실하게 알 수는 없습니다. 오스트랄로피테쿠스는 우리가 아니었으니까요. 오스트랄로피테쿠스는 두 다리로 걷는 침팬지에 더 가까웠습니다.

그렇기는 하지만……

남아프리카공화국에 있는 마카판스가트 계곡에서 오스트랄로피테쿠스 아프리카누스 화석 더미가 발견되었습니다. 뼈를 발견한 바로 그 지층에서, 과학자들은 현재는 마카판스가트 조약돌이라 알려진 윤기 나는 검붉은색 돌을 발견했습니다. 손바닥에 쏙 들어오는 조약돌이었습니다. 침식작용 때문에 모양이 잡힌, 완전한 자연 상태의 돌이며, 도구로 사용한 흔적은 전혀 없습니다. 이런 종류의 돌(벽옥)이 나는 가장 가까운 지역은 몇 킬로미터 떨어진 곳이었습니다. 분명 어느 오스트랄로피테쿠스가 이 조약돌을 발견하고, 주운 다음, 그 장소로 가져와 300만 년 뒤에 과학자들이 발견했을 겁니다. 그 오스트랄로피테쿠스도 우리 눈에 보이는 것과 같은 것을 보았을까요?

오스트랄로피테쿠스는 인간이 아니었습니다. 그렇지만 이 조약돌은 이들이 이후에 과연 어떻게 변모해갔을지 귀띔해줍니다.

돌을 깨부수다

2단계

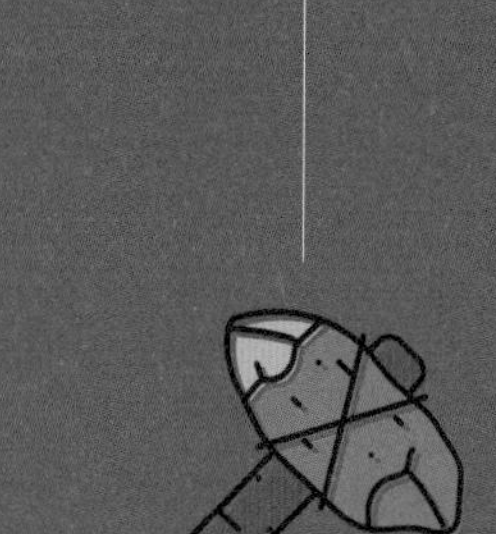

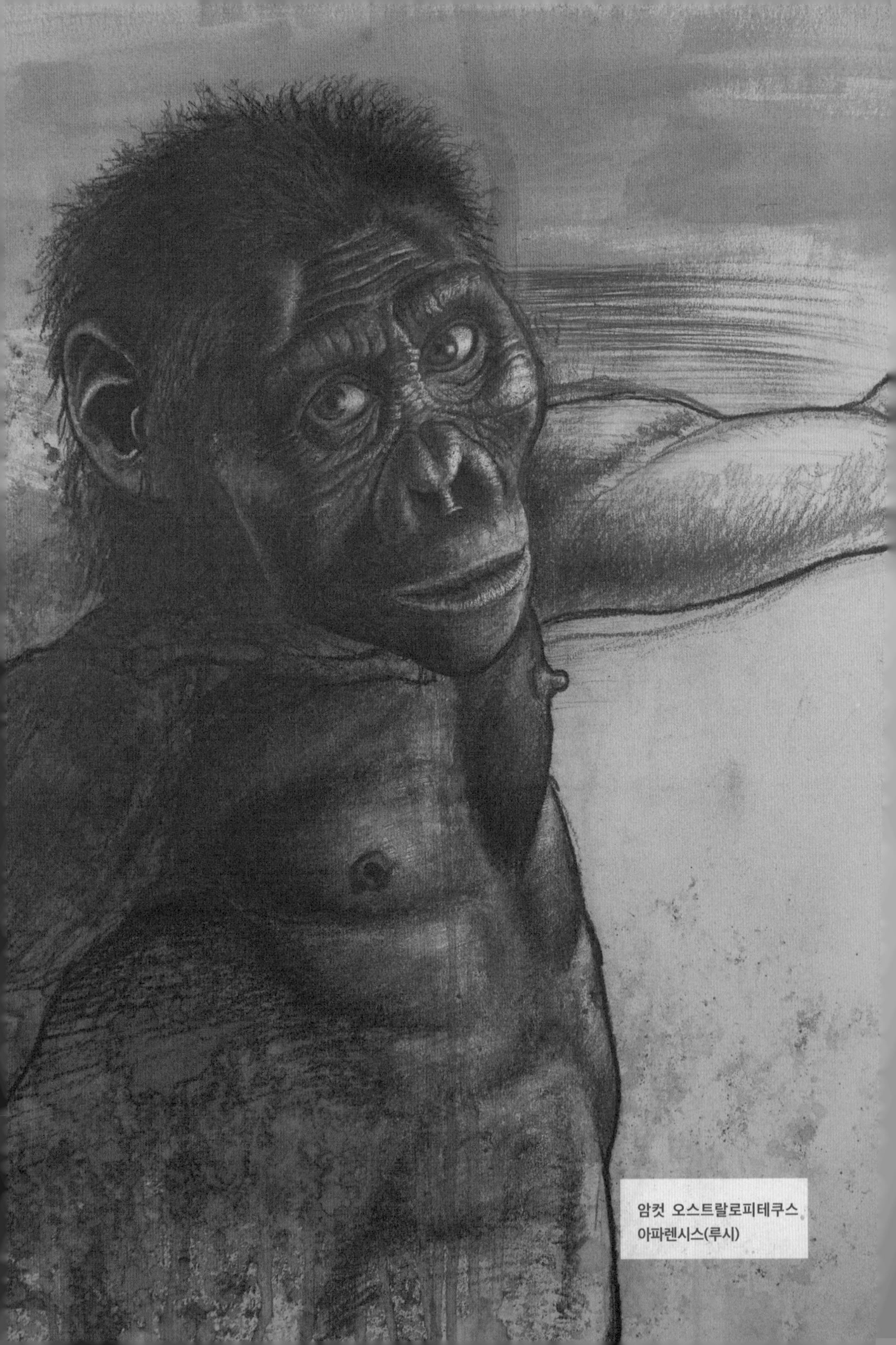

암컷 오스트랄로피테쿠스
아파렌시스(루시)

벌이 나무에 난 구멍 주변을 빙빙 돕니다. 여러분은 침을 흘리기 시작합니다.

꿀이다.

숲 바닥에서 야구 방망이 모양으로 생긴 나뭇조각을 찾아냅니다. 몇 번 휘둘러 벌집을 방어하는 밀랍 뚜껑을 부숩니다. 단단한 막대를 집어 벌집을 들쑤셔서 엽니다. 그렇지만 좋은 건 아직 아래쪽 깊은 곳에 있지요. 흐음. 가느다란 막대를 낚아채서 파내고 긁어냅니다. 빨리! 벌들이 성을 내며 떼 지어 날아다닙니다. 벌집이 엉겨 붙은 막대기를 끄집어내 잽싸게 달아납니다. 달콤한 성공이죠!

또는……

너무나 배가 고픕니다. 썩어 들어가는 나무에 깊게 팬 틈에서 통통한 유충을 발견했습니다. 그런데 어떻게 꺼내야 할까요? 근처에는 가장자리에 자잘한 가시가 돋친 넓은 잎이 달린 판다누스 관목이 있습니다. 흐음. 한쪽은 굵어서 붙잡기 좋고 또 한쪽은 가느다라니까 긁어내기 좋게 잎사귀를 하나 떼어내면, 그걸 나무 틈새에 찔러 넣을 수 있을 겁니다. 그렇지만 잎사귀에 있는 섬유질은 세로로 깁니다. 사선으로는 찢을 수 없습니다. 그래서 잎사귀를 가로로 찢고, 세로로 찢고, 또 가로로 찢고, 또 세로로 찢습니다.

이제 한쪽 끝은 두껍고 다른 쪽 끝은 얇은, 긴 계단 모양 도구가 생깁니다. 유충을 도구에 걸어서 끄집어냅니다. 성공이죠!

두 사례 속 여러분은 인간이 아닙니다. 첫 번째 사례는 서아프리카 침팬지입니다. 두 번째 사례는 뉴칼레도니아까마귀입니다.

도구를 사용하는 행동이야말로 인간을 정의하는 것처럼 느껴집니다. 오늘 아침, 저는 다섯 가지 도구(그릇, 포크, 프라이팬, 주걱, 가스레인지)를 사용해 스크램블드에그를 만들었습니다. 그렇지만 도구를 사용하는 게 우리 인간들만은 아닙니다. 여러 가지 도구를 차례차례 써서 목적을 달성하는 유일한 종도 아닙니다. 꿀을 손에 넣으려던 침팬지는 몇 가지 도구를 사용해 벌집을 깨고 열었습니다. 인간은 두 가지 도구를 동시에 쓰는 유일한 종도 아닙니다. 어떤 침팬지들은 납작한 돌을 모루처럼 쓰고 그보다 둥근 돌을 망치처럼 써서 견과류를 깹니다. 그리고 인간이 단순한 도구를 점점 발전시키는 유일한 종도 아닙니다. 뉴칼레도니아까마귀는 부리를 써서 막대 끝을 갈고리 모양으로 깎고, 어떤 침팬지는 막대 끝을 날카롭게 갈아 나무에 뚫린 구멍을 샅샅이 살피며 부시베이비◆를 찾습니다(부시베이비는 이름에서 드러나듯이 사랑스럽고 작은 야행성 영장류입니다).

동물 왕국 어디서나 도구를 사용하고 만드는 모습을 차고 넘치게 볼 수 있습니다. 그렇지만 도구와 관련해 인간과 우리의 직접 조상에게만 고유하게 나타나는 행동이 하나 있습니다. 바로 도구를 사용해 다른 도구를 만드는 행동입니다. 이 능력은 똑바로 서서 걷는 것과 더불어 인류의 근간이 됩니다.

아마도 기억하시겠지만, 우리의 오스트랄로피테쿠스 조상들은 특이

◆ 평균 몸 길이 17센티미터, 꼬리 길이 23센티미터 정도의 영장류로 작은 동물과 나무 열매를 먹는다. 침팬지와 뱀이 천적이다.

도구로 쓰는 막대를 물고 있는 뉴칼레도니아까마귀

하게도 두 다리로 서는 점을 활용해 동부와 남부 아프리카의 다양한 지역을 돌아다녔습니다. 확실한 것은 아니지만, 적어도 일부 오스트랄로피테쿠스는 간단한 도구를 사용했을 것이라고 합리적으로 추측해볼 수 있습니다. 어쩌면 돌멩이로 견과류를 깨거나, 풀줄기로 흰개미를 낚거나, 막대기로 꿀을 모으거나, 덩이줄기를 땅에서 캐냈을 수도 있지요. 우리의 진화 사촌인 침팬지들은 이런 모든 행동을 합니다. 그리고 오스트랄로피테쿠스가 침팬지 정도 되는 뇌를 지니고 있었다는 사실도 우리는 알지요. 오스트랄로피테쿠스는 현생 침팬지보다 도구를 더 빈번하게 사용했을지도 모릅니다. 똑바로 서서 걸어 다녔고, 또 손이 자유로웠으니까요.

도구는 견과류, 흰개미, 꿀, 덩이줄기로 배를 채우는 데에 유용했습니다. 열곡 주변을 돌아다니는 고깃덩이들도 많았고요.

과학자들은 에티오피아(동부 아프리카)에서 340만 년 전의 영양과 야생소의 뼈에서 자른 흔적을 발견했습니다. 가장자리가 마치 날카로운 돌멩이로 고깃덩어리를 자른 것 같은 모양새였습니다. 그 당시 그 지역에 살았다고 알려진 유일한 호미닌은 루시의 종이었습니다. 바로 오스트랄로피테쿠스 아파렌시스입니다('호미닌'에는 인간을 비롯해 똑바로 서서 걸으며 숲에 살았던 영장류의 후손인 모든 다른 종들이 포함됩니다.)

과학자들은 동아프리카 지구대의 또 다른 쪽에서 가장자리가 예리한 330만 년 전의 돌을 발견했습니다. 누군가가 돌멩이(돌망치)를 다른 돌에 쳐서 예리한 조각을 떼어냈습니다.

여러분이 무슨 생각을 하는지 압니다. 부서진 돌멩이라니, 그게 대체 무슨 대단한 일이라는 걸까요? 그렇지만 마저 얘기를 들어보세요.

도구(돌멩이)를 사용해 다른 도구(가장자리가 날카로운 돌 조각)를 만드는 것은 우리 인간과 두 다리로 걸었던 우리 조상들만이 했다고 알려진 행동입니다. 300만 년쯤 전에는 이것이야말로 가장 수준 높은 최첨단 기술이었습니다. 이런 기발한 혁신 덕분에 우리 조상들은 배를 채울 수 있는 새로운 방법을 손에 넣었습니다.

1960년대, 전설적인 현장생물학자인 조지 샬러George Schaller는 우리의 초기 조상들이 아프리카 사바나 지역에서 어떻게 살아 남았을지를 시험해보기로 결심합니다. 그는 친구 한 명과 아무 무기도 갖추지 않은 채 동물 보호 구역으로 계속 하이킹을 나갔습니다.● 개구리나 어린 새 같은 작은 동물 외에도, 아직 뼈에 살코기가 붙어 있는 죽은 가젤을 여러 번 마주쳤습니다. 이들은 치타가 새끼 영양을 죽이는 모습도 지켜보았습니다. 그 고양잇

● 절대 시도해보지 마세요.

과 동물을 쫓아내고 훔칠 수도 있는 고기였죠. 그다음에는 나무에 느긋하게 머무르던 독수리 무리 덕분에 사자가 죽인 얼룩말의 시체를 발견할 수 있었습니다. 얼룩말은 뼈만 남아 있었지만, 조지와 그 친구는 가장자리가 뾰족한 돌멩이를 이용해 다리뼈를 부쉈고, 그 안에 있는 영양가 높은 골수를 꺼냈습니다. 조지는 신이 나서 이렇게 썼습니다. "그리고 똑같은 도구로 두개골 뒤쪽을 후려치니 뇌가 나왔다. 간식거리로 삼을 만한 것이었다."

그렇게 걸어 다니는 동안 조지와 친구는 몸이 아픈 새끼 얼룩말과 눈이 먼 새끼 기린도 발견했습니다. 인간의 조상은 이렇게 취약한 동물들을 몽둥이나 돌멩이로 때려서 죽였을 것이라고 이들은 추측했습니다.

여러분이 작은 오스트랄로피테쿠스 집단 구성원이라고 상상해보세요. 어쩌다 여러분은 운이 나쁜 새끼 얼룩말이나 새끼 기린을 죽였을지도 모릅니다. 그렇다면 하이에나, 사자, 검치호랑이가 저녁을 먹으러 와서 **바로 여러분을** 애피타이저로 삼는 건 그저 시간문제입니다. 어떻게 해야 할까요?

여러분의 이는 얼룩말이나 기린의 가죽을 찢을 수 있도록 만들어진 게 전혀 아니니까, 볼품없는 이로 뭐라도 뜯어내서 허겁지겁 먹지 않고 가장자리가 뾰족한 돌을 도구로 써서 시체를 작게 조각냅니다. 여러분과 동료 오스트랄로피테쿠스는 피가 뚝뚝 흐르는 얼룩말의 살덩이를 들고 근방에 나무가 무성한 곳으로 온 힘을 다해 달려가, 저녁거리를 질질 끌고 안전한 나무 위로 올라갑니다.

이게 음식 테이크아웃의 기원이라고 생각해보세요.

어쩌면 모든 오스트랄로피테쿠스가 예리하게 저민 도구를 쓴 건 아닐지도 모릅니다. 어쩌면 어떤 이들에게는 도구를 만드는 데 필요한, 단단하면서도 잘 쪼개지는 돌이 근처에 없었을지도 모릅니다. 그렇지만 어떤 오스트랄로피테쿠스는 특정한 종류의 돌은 딱 알맞은 각도로 때리면 쪼개진

아주 오래전, 돌로 도구를 만들 때는 큼지막한 돌망치를 사용해 중심 역할을 하는 돌에서 가장자리가 날카로운 얇은 돌 조각을 떼어냈다. 중심 돌과 얇은 돌 조각은 무언가를 긁어내거나 써는 데 사용할 수 있었다. 330만 년 전 아주 초기의 돌 도구는 발견 지역인 케냐(동부 아프리카)의 지명을 따와 '로메크위 Lomekwi' 양식이라고 부른다.

다는 사실을 알아냈습니다. 그렇게 가장 처음에 만들어진, 가장자리가 날카로운 도구는 아주 운이 좋은 사건이었을지도 모릅니다. 오스트랄로피테쿠스 하나가 돌망치로 견과류를 부수어 깨려고 합니다. 얇은 돌멩이를 집어 들자…… 머리 위에 전구가 딱 켜지더니…… 선사시대가 시작된 거죠.

동물의 시체를 해체하는 건 엄청나게 큰 도약이었습니다. 가장자리가 예리한 도구는 이것 말고도 장점이 더 있었습니다. 어떤 현생 침팬지들은 막대기를 써서 덩이줄기를 파냅니다. 그러니 오스트랄로피테쿠스도 그랬을 것이라 추측하는 게 합리적입니다. 어느 오스트랄로피테쿠스는 날이 선 돌멩이를 이용해 이렇게 땅을 파는 막대기를 다듬어 끄트머리를 바늘이나 삽 모양으로 발전시켰을지도 모릅니다.

가장자리가 날카로운 돌멩이로는 생고기와 날것의 덩이줄기를 으깨고

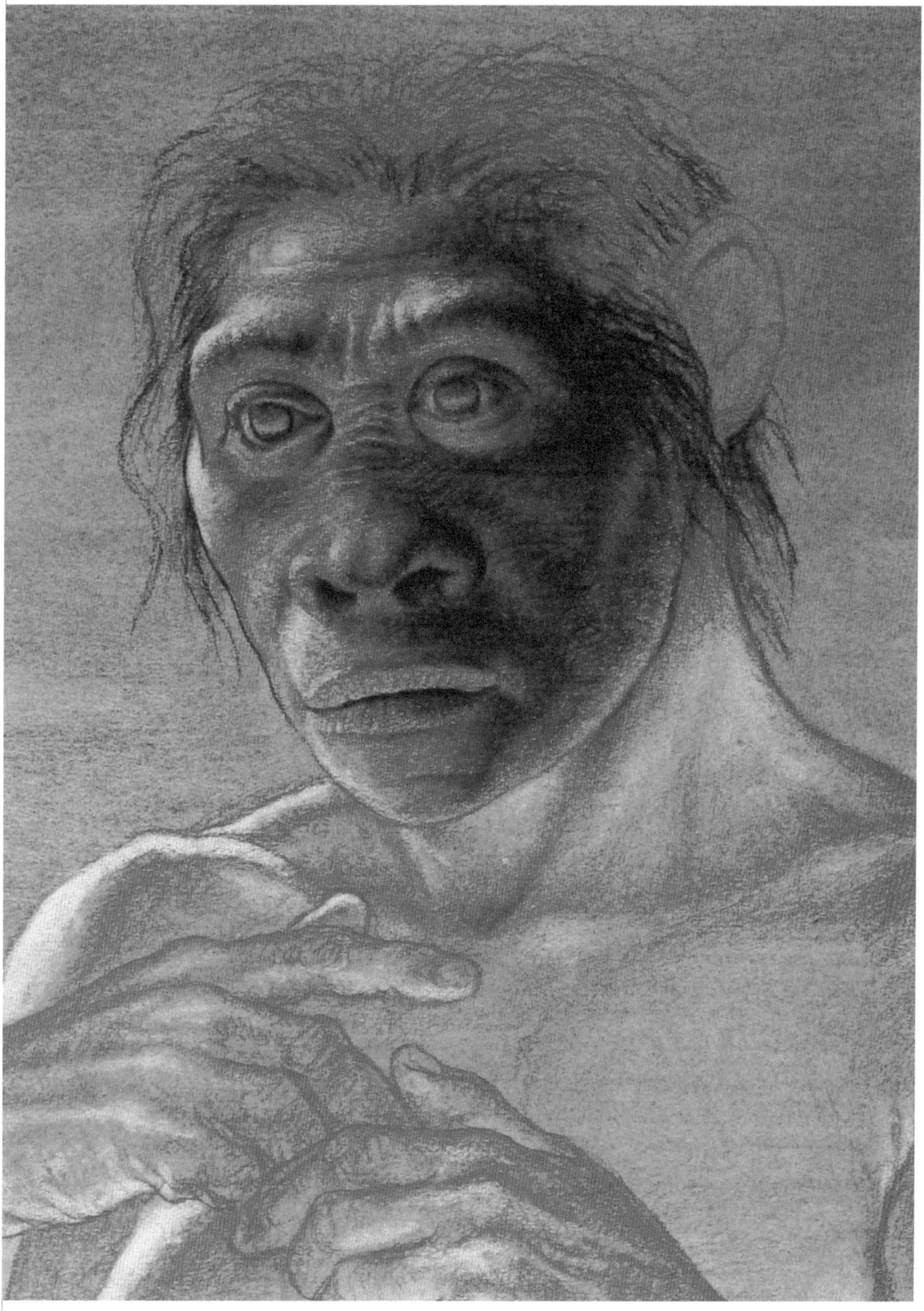

암컷 호모 하빌리스(손쓴사람)

부드럽게 만들어서 씹고 소화하기 좋게 만들 수도 있습니다.● 으깨고 가는 일은 특히나 어린아이들이 살아남는 데 중요했을 것입니다. 어린아이들은 생 혹멧돼지 고기를 먹는 데 필요한 턱 힘이 부족했으니까요.

그래요, 우리 조상들은 도구를 만들었습니다. 그렇지만 도구가 우리 조상을 만들어내기도 했죠.

만약 여러분이 다른 오스트랄로피테쿠스보다 도구를 더 잘 만들고 사용하는 오스트랄로피테쿠스라면, 여러분이 생존하는 데 필요한 열량을 얻기가 더 수월할 겁니다. 도구를 활용하는 기술이 우수하면, 손재주가 시원찮은 오스트랄로피테쿠스보다 영양이 유독 풍부한 음식인 고기를 더 먹을 가능성이 큽니다. 거기다 만약 여러분이 돌을 사용하고 돌을 쪼개는 기술을 자식에게 물려주기까지 하면, 그야말로 대박이 터진 것입니다.

환경이 도구를 더 잘 만들고, 더 잘 사용하고, 도구를 다루는 기술을 잘 물려주는 오스트랄로피테쿠스를 꾸준히 선택한다면, 이런 형질은 오스트랄로피테쿠스들에게 퍼져나갈 것입니다. 어쩌면 그렇게 선택되는 형질이 물건을 쥐기에 더 좋은 손의 유형일 수도 있습니다. 어쩌면 그렇게 선택되는 형질이 손과 눈이 잘 조화를 이루는 것일 수도 있습니다. 어쩌면 그렇게 선택되는 형질이 행동일 수도 있습니다. 도구를 만드는 걸 따라하려는 호기심 많은 아이를 잘 포용해주는 행동처럼요. 시간이 충분히 흐르고 또 충분히 많은 형질이 변화하면, 결국 여러분은 더 이상 예전처럼 오스트랄로피테쿠스답지만은 않은 무리를 만나게 될 겁니다. 새로운 종이 진화한 것이죠.

● 저는 무게가 똑같은 ① 생고기, ② 뒷마당에서 주운 돌멩이로 으깬 생고기, ③ 익힌 고기 등을 씹고 삼키는 데 걸리는 시간을 재보며 직접 실험해볼까도 생각했습니다. 그렇지만 제가 친애하는 독자님께 제아무리 헌신적이더라도, **그렇게까지** 헌신적인 것은 아니라고 결론을 내렸습니다.

240만 년쯤 전에 호모 하빌리스('손쓴사람')라는 새로운 종이 등장했다는 첫 증거가 발견되었습니다. 호모 하빌리스는 호모 집단의 첫 번째 공식 구성원이라는 점이 독보적입니다. 호모 집단 가운데 유일하게 생존해 있는 건 우리 인간(호모 사피엔스)뿐입니다. 호모 하빌리스는 새롭게 반짝이는 오스트랄로피테쿠스 모델이라고 생각하는 편이 더 정확합니다. 이들은 키가 120센티미터 정도로 오스트랄로피테쿠스와 몸집이 거의 비슷했고, 다리가 약간 더 길었습니다. 그렇지만 이름값을 제대로 합니다. 과학자들이 호모 하빌리스 화석을 발견한 곳에서는 돌로 만든 도구도 찾아내는 경우가 많기 때문입니다.

이들 종의 명칭이 '손쓴사람'이라는 뜻으로 풀이된다는 점을 생각해보면, 수컷이 주로 도구를 만들고 사용했던 것처럼 느껴질지도 모릅니다(손쓴사람의 영어 표기가 Handy Man이고, 여기서 man이 인간 전반을 뜻하기도 하지만 때로는 남성/수컷을 가리키기도 한다는 점에 착안해 수컷이 연상되기 쉬우리라 설명하는 것 – 옮긴이). 아마 그 짐작은 틀릴 겁니다. 현생 침팬지를 보면 암컷이 수컷보다 도구를 더 능숙하게 다룹니다. 그리고 돌로 만든 도구는 용도가 정말 많습니다. 덩이줄기를 으깨고, 뼈를 부수고, 죽은 나무를 깨서 유충을 찾아내는 것 등입니다. 그래서 다 자란 호모 하빌리스라면 암수를 막론하고 어느 정도 도구를 다루는 기술이 있어야 살아남을 수 있었을 것입니다.

호모 하빌리스는 돌을 써서 무언가를 썰고, 긁어내고, 쳤습니다. 이들이 사용한 단순한 기술은 호모 하빌리스 화석이 여러 도구 및 동물 뼈와 함께 최초로 발견된 동아프리카(탄자니아)의 올두바이Olduvai 협곡 이름을 따서 '올도완Oldowan'이라고 합니다. 호모 하빌리스는 새끼 가젤처럼 작고 어린 동물을 적극적으로 사냥하면서도 덩치 큰 돼지나 하마, 코끼리 같은 크고 위험한 동물의 시체를 먹었던 것으로 보입니다.

아프리카에 살던 호미닌은 호모 하빌리스만이 아니었습니다. 다양한 오스트랄로피테쿠스가 여전히 주변에 살고 있었습니다. 그 가운데는 묵직한 턱과 치아 때문에 '건장한 오스트랄로피테쿠스'라고 알려진 몇몇 종도 있었습니다.

그렇지만 잠깐만요… 오스트랄로피테쿠스는 이미 호모 하빌리스로 진화했던 게 아닌가요?

진화는 종착지가 아니라 여정입니다. 진화는 서로 다른 장소에서 서로 다른 결과를 만들어냅니다. 서로 다른 환경은 서로 다른 형질을 선택하기 때문입니다. 동부 아프리카와 남부 아프리카를 가로지르는 대지구대는 거대한 대륙 위 수천 킬로미터에 걸쳐 뻗어 있습니다. 열곡에서도 특히나 험난한 지역에서는 도구를 가장 잘 사용하는 자들만이 살아남았을 겁니다. 이렇게 험난하고 살아남기가 힘든 장소들이 호모 하빌리스를 만들어냈을지도 모릅니다. 묵직한 턱을 지닌 건장한 오스트랄로피테쿠스들은 과일과 견과류를 안정적으로 구할 수 있으면서도 큰 짐승은 적은 곳에서 더 흔히 보였을 것입니다. 우리가 아는 한, 건장한 오스트랄로피테쿠스들은 사체에서 고깃덩어리를 잘라낼 때 쓰는 가장자리가 날카로운 돌 도구를 만들지 않았습니다.

어쩌면 240만 년 전에는 호미닌 종이 여럿이었을지도 모릅니다. '동부 아프리카와 남부 아프리카의 다양한 지형에서는 어떤 종류의 호미닌이 살아남을 수 있을까?'라는 질문에 대한 답이 여러 가지이기 때문입니다.

두뇌를 살펴본다면 호모 하빌리스는 오스트랄로피테쿠스보다 한참 멀리까지 나아갔습니다. 두개골의 크기를 놓고 본다면, 오스트랄로피테쿠스의 뇌 크기는 여전히 침팬지 정도였습니다(450mL). 호모 하빌리스의 두뇌는 610mL 정도였습니다.

180만 년 전 호모 하빌리스의 두개골

만약 지구에서 가장 똑똑한 동물을 사냥하러 온 외계인 사육사가 200만 년쯤 전에 이 지구에 착륙했다면, 그 외계인은 호모 하빌리스를 골랐을까요? 안타깝게도 아닙니다. 뇌와 몸무게의 비율을 따져 본다면, 여전히 돌고래가 1등이었습니다. 그렇지만 격차는 점점 좁혀지고 있었습니다.

호모 하빌리스의 지능이 높아지도록 이끈 것은 무엇이었을까요? 일단은 도구를 만드는 행동을 꼽아볼 수 있습니다. 올도완 양식의 도구를 만들려면 지능, 기억력, 꽤나 우수한 운동 기능이 필요합니다. 알맞은 재료를 골라서 완벽한 각도에 적당한 힘으로 쳐야 합니다. 내 손가락은 으깨지 않으면서요.●

과학자들은 (도구를 사용하는 행동을 비롯해) 채취 약탈자의 행동이 지능의 진화를 이끌어온 두 가지 주된 요인 가운데 하나라고 생각합니다. 나머지 요인은 바로 사회 활동입니다.

환경이 시험하고, 환경이 선택한다는 말은 물리적인 환경(기후, 구할 수 있는 음식의 종류 등)에도 확실히 적용됩니다. 그렇지만 여러분이 무리를 지어 살아가는 동물이라면, 여러분이 몸담고 있는 사회적 환경도 시험을 하고 선택을 합니다. 지능이 아주 높다고 여겨지는 동물(까마귀, 큰까마귀, 앵무새, 돌고래, 고래, 코끼리, 원숭이, 유인원)이 모두 사회적으로 무리를 이루어 사는 채취 약탈자인 것은 결코 우연이 아닙니다.

우리 조상들은 포식자의 표적이 되는 걸 막으려고 분명 다 같이 모여 먹을거리를 구했을 겁니다. 과학자들이 잘린 흔적이 있는 뼈 무더기와 돌로 만든 도구들을 좁은 영역에서 집중적으로 발견한 점으로 보건대, 호모 하빌리스는 본거지를 두고 활용했을지도 모릅니다. 방어를 할 수 있는 본거지(어쩌면 돌무더기 같은 것이었겠죠)가 있다면 검치호랑이나 하이에나가 동태를 살피러 오더라도 쫓아내기 더 수월했을 겁니다. 본거지가 있다는 건 곧 손쓴사람이 음식을 나누어 먹었다는 의미이기도 합니다.

우리는 사람들이 저녁을 먹으러 모여서 칠면조 고기를 나눠 먹는 것을 딱히 대단하다고 여기지는 않습니다. 그렇지만 음식을 나눠 먹는 행동은

● 200만 년 전은 아직 진짜 언어가 생겨나기엔 이른 시기입니다. 그렇지만 돌을 부수다가 엄지손가락에 상처를 입으면서 세계 최초의 욕이 생겨났을 것이라 상상해보고 싶군요.

우리와 가장 가까운 동물 친척들 사이에서 그리 흔하게 보이는 행동이 아닙니다. 침팬지들이 유일하게 음식을 나눠 먹는 때는 원숭이를 성공적으로 사냥하고 난 다음뿐입니다. 침팬지들은 무리를 지어 사냥하기는 해도, 조화롭게 작전을 펼치는 것 같지는 않습니다. 침팬지들은 암수를 막론하고 각자 사냥을 합니다(먹잇감을 죽이는 건 보통 수컷이지만, 수컷과 암컷 모두 사냥에 나섭니다). 원숭이를 죽인 침팬지는 때로 구걸하러 온 침팬지에게 남은 것을 내어주기도 합니다. 원숭이를 죽인 침팬지와 구걸하는 침팬지의 사회적 유대가 강할 경우, 음식을 나눠줄 가능성이 더 높습니다.

만약 호모 하빌리스가 먹잇감을 찾아내거나, 죽이거나, 누군가 이미 죽여둔 시체를 뒤져서 음식을 들고 본거지로 돌아가는 일이 일반적이었다면, 이들이 먹을거리를 서로 나누었을 거라 추측하는 게 합당합니다(아무리 못해도 가끔은 말이죠). 호모 하빌리스가 사회적 유대를 굳건히 만들기 위해 음식을 공유했으리라 추측하는 것도 합당합니다. 이런 유대는 가족 관계, 동맹, 짝짓기 했던 상대, 또는 짝짓기를 하고 싶은 상대를 중심으로 이뤄졌을 것입니다. 부숴둔 견과류가 마치 우정 팔찌 같은 역할을 했을지도 모릅니다. 하마의 생간은 여러분의 진심을 보여주는 선물이었을지도 모르고요.

공유는 곧 생존 전략이기도 했습니다. 현대의 여러 수렵채집 사회들은 그날그날의 열량 대부분을 씨앗이나 덩이줄기 같은 식물에서 얻습니다. 고기는 중요하지만, 사냥꾼들은 빈손으로 집에 돌아오는 경우가 많습니다. 수렵하는 사람들과 채집하는 사람들이 음식을 나누며 협력한다면, 모두에게 더 좋겠지요.

물론 음식을 효과적으로 공유하려면 타인을, 또 그 타인이 과거에 나와 어떻게 상호작용했는지를 기억해야 합니다. **어제 네가 으깬 덩이줄기를 줬으니까 오늘은 내가 너한테 영양 간을 줄게.** 먹을거리가 별로 없는 시기에는 사회적 지능이 발달한, 즉 유대를 형성하고 음식을 나눠 먹는 데 능한 호모 하빌리스들이 살아남을 가능성이 더 높았습니다. 이들은 부모의 요령을 물려받은 자식을 남길 가능성이 더 컸습니다.

협동은 우리 조상들이 포식자를 막아내는 최고의 방어법이기도 했습니다. 200만 년 전, 호모 하빌리스는 먹이사슬 꼭대기에 있지 않았습니다. 당시 남아 있던 오스트랄로피테쿠스는 말할 것도 없었고요. 어느 호모 하빌리스의 발 화석에는 악어 이빨이 박힌 자국이 그대로 있습니다. 그리고 건장한 오스트랄로피테쿠스의 두개골에 난 눈에 확 띄는 구멍을 바탕으로 보자면, 표범이 뒤에서 습격했던 것으로 보입니다. 이 고양잇과 동물은 오스트랄로피테쿠스의 눈구멍에 위쪽 송곳니를, 머리 뒤쪽에 아래쪽 송곳니를 박아 넣었을 것입니다.

호모 하빌리스나 오스트랄로피테쿠스는 혼자만 있을 때면 늘 위태로웠습니다. 그렇지만 소리를 질러대며 급강하하는 까마귀 무리가 매 하나를 쫓아 보낼 수 있듯이, 호미닌이 충분히 많이 모여서 고함을 치고 돌을 던지면 검치호랑이도 쫓아버릴 수 있었습니다. 망을 보고 방어를 강화하며 호미닌들이 더 긴밀하게 협동할수록, 무리에 속한 호미닌 하나하나가 살아남을 가능성도 커졌습니다.

물론 자신에게 할당된 몫보다 일을 적게 하려는 이들은 항상 있습니다. 이런 무임승차자들이 부정행위를 하면 협동은 무너집니다. 협동을 이루려면 무리에 속한 이들 모두가 공유하는 기본적인 공정심, 무임승차자를 찾아내는 능력, 또 그런 무임승차자에 맞서 행동하려는 의지가 필요합니다. 이런 사회적인 능력을 발휘하려면 지능이 필요하죠.

호모 하빌리스가 어떻게 의사소통을 했는지 우리는 거의 아는 게 없습니다. 그렇지만 훨씬 더 커진 이들의 뇌를 생각해본다면, 아마 오스트랄로

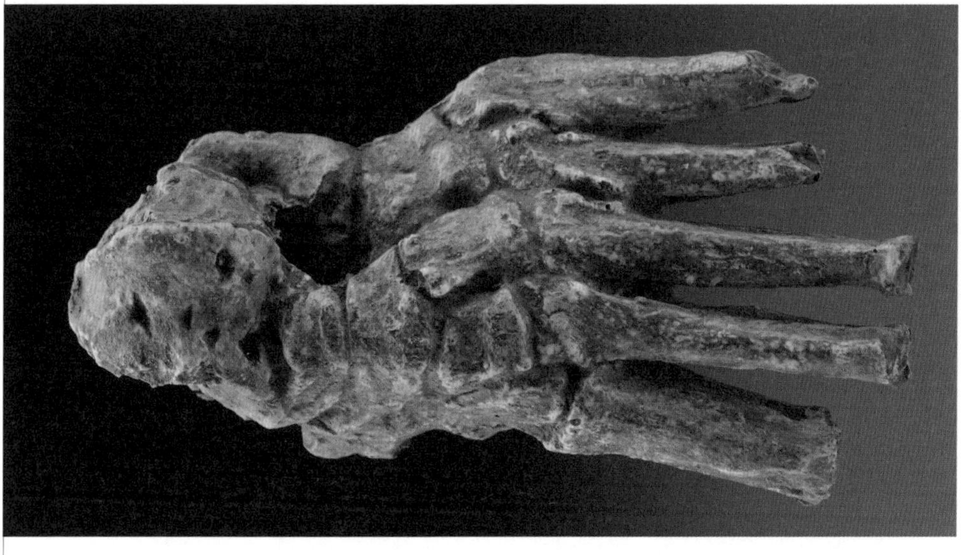

화석이 된 호모 하빌리스의 발을 본으로 뜬 것. 발목뼈에 뚫린 구멍은 악어 이빨 때문에 생겨난 것이다.

피테쿠스보다는 의미를 더 잘 표현했을 겁니다. 호모 하빌리스는 소리를 더 다양하게 내거나, 몸짓을 더 다채롭게 하거나, 두 가지를 합쳐서 더 많이 활용했을 가능성이 큽니다. 표범을 물리칠 때 제몫을 못한 게으름뱅이들은 분명한 메시지를 전달받았을 겁니다.●

호모 하빌리스에게 공막(안구에 있는 하얀 부분)이 있었는지는 아무도 모릅니다. 우리가 의사소통하는 방식과는 전혀 동떨어진 소재처럼 느껴지겠지만, 마저 이야기를 들어보세요. 과학자들은 '눈빛 신호'를 주고받기 위해 공막이 진화한 것이라고 봅니다. 어두운 홍채와 눈동자 옆에서 하얗고 밝은 공막이 대비를 이루는 덕분에 우리가 바라보는 곳을 향해 다른 사람의 관심을 끌기가 쉽습니다. 우리 눈에 있는 흰자는 얼굴로 더욱 표현을 잘

● 아니면 그 대신 화가 난 동료가 머리에다 돌을 던졌을 수도 있습니다. 이 역시 눈과 손의 협응을 활용하는 또 하나의 방법이지요.

할 수 있게 도와줍니다.

처음으로 하얀색 안구를 가졌던 게 어떤 호미닌인지는 모릅니다. 그렇지만 우리가 진화하던 도중 누군가가 잘못을 저질렀을 테고…… 그래서 다른 누군가가 언짢아하며 눈알을 굴렸겠죠.

200만 년 전 상황을 자세히 들여다봅시다. 우리는 여전히 덩치 큰 포식자들의 메뉴판에 올라가 있습니다. 여전히 뒤쫓기며 집어 삼켜지는 입장이고요. 그렇지만 완전히 똑바로 선 자세를 갖추고 있습니다. 뇌는 더 커졌고, 협동도 더 잘 이루어집니다. 돌멩이를 서로 부딪쳐서 간단한 도구들을 다양하게 만들어냅니다. 이런 도구에는 터치스크린도, 바퀴도, 심지어는 손잡이도 없지만 미래에 생겨나는 모든 기술의 바탕이 됩니다.

내일 아침에 일어나 화장실로 느릿느릿 걸어가고 나서 여러분이 사용하는 도구를 하나하나 나열해보세요('도구'란 무언가를 조작하는 데 쓰는, 고정되어 있지 않은 사물입니다). 여러분이 쓰는 머리빗은 도구입니다. 칫솔도 마찬가지고요. 치약은 도구가 아니지만, 치약이 담긴 튜브는 도구가 맞습니다…….

아마 여러분은 50개를 세기도 전에 항복할 겁니다. 걱정 마세요. 그저 이 사실만 떠올려보세요. 여러분이 사용하는 도구 하나하나가 선물입니다. 수백만 년을 넘고 또 수십만 세대를 지나 손에서 손을 거쳐 기어코 여러분에게 전해진 선물입니다. 오스트랄로피테쿠스와 호모 하빌리스의 굳은살이 박인 먼지투성이 손바닥까지 거슬러 올라가는 선물이죠.

그리고 이런 선물과 더불어 딸려온 것이 있습니다. 여러분 목 위, 두개골 안에 포근하게 자리 잡고 있는 크고 동글납작한 바로 그것이죠.

머리가 커지다

3단계

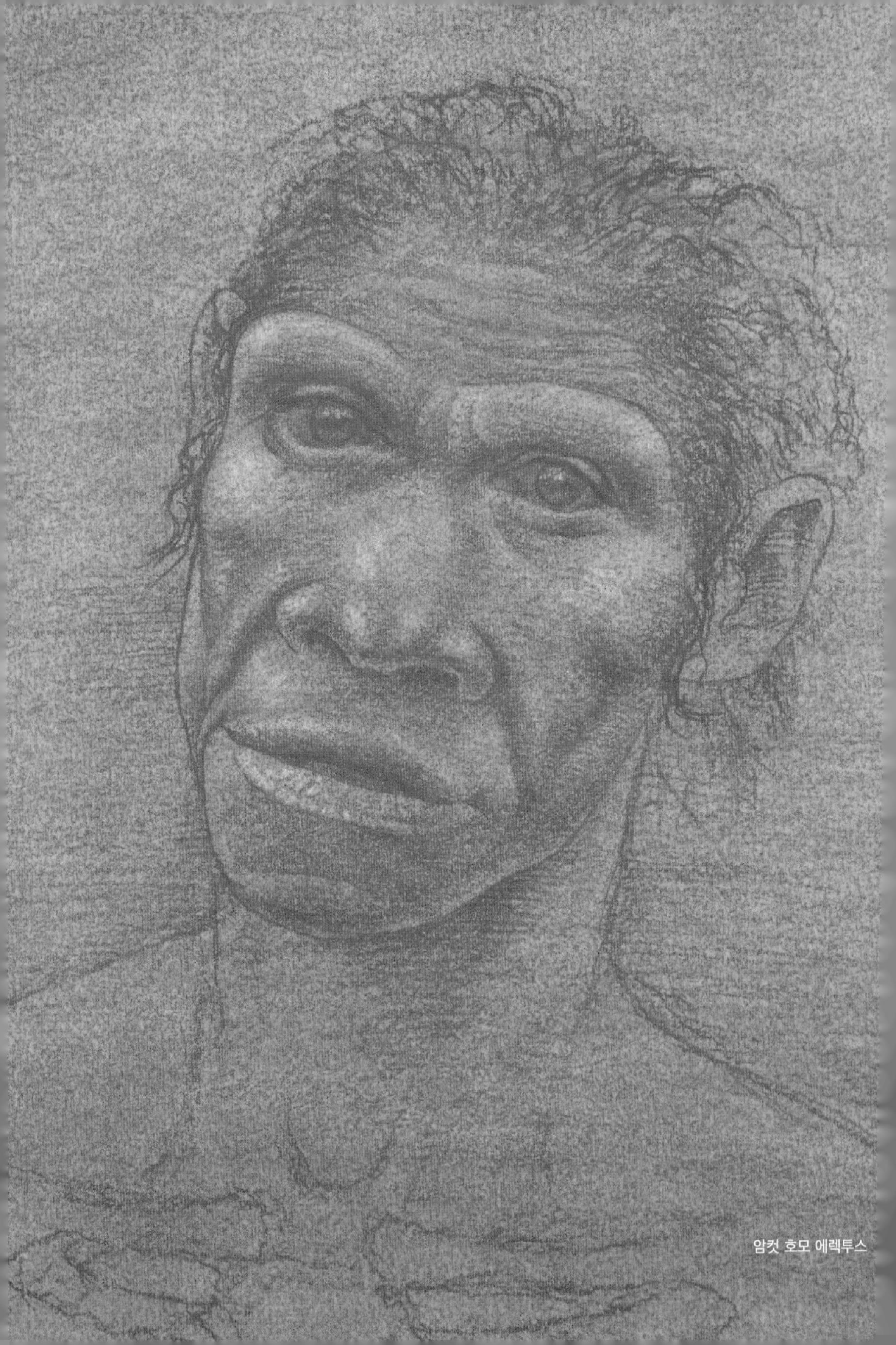

암컷 호모 에렉투스

우리의 초기 조상들은 도구를 만들고 사용할 수 있는 지능이 필요했습니다. 이들에게는 사회적인 생활을 다룰 만한 지적 능력도 필요했습니다. 호모 하빌리스가 진화했을 무렵, 훗날 우리 인간에 이르게 될 두 다리로 서서 다니는 영장류의 계보가 생겨난 지도 450만 년이 흘러 있었습니다. 그렇지만 호모 하빌리스의 뇌는 여전히 현생 인류의 절반 정도 크기였습니다.

만약 뇌가 월등히 클 때 장점도 월등히 많다고 한다면, 그렇게 진화하는 데까지 왜 그리 오래 걸렸던 것일까요?

가장 먼저, 뇌가 크면 치르는 대가도 커집니다. 현생 인류의 뇌는 우리 몸무게의 불과 2퍼센트 정도를 차지하지만, 우리 에너지의 20~25퍼센트를 사용합니다. 마치 여러분 두개골 안에 기름을 잔뜩 잡아먹는 페라리 자동차가 한 대 들어 있는 것이나 마찬가지입니다.

열량이 풍부한 식단이 없으면 커다란 뇌로 진화하는 일을 **시작조차** 할 수 없습니다. 초기 조상들이 이미 죽은 고기를 찾아 먹는 재능이 있었던 덕분에 품질 좋은 먹을거리를 얻어 우리의 큰 뇌를 만들 수 있었던 것은 행운입니다.● 또 변화하는 기후 덕분에 우리 조상들이 살아남기가 어려웠던 것도 우리 입장에서는 행운입니다. 아마도 지독하게 어려웠을 거예요. 전혀 행운이 아닌 것처럼 느껴지겠지만, 사실은 아주 잘된 일이었습니다.

이렇게 기후가 변동했다는 사실을 알 수 있는 까닭은 과거 기후가 지구에 흔적을 남겨두었기 때문입니다. 이런 흔적은 북극 빙하에 갇힌 기체 속에, 나이테에, 퇴적물 속에, 동식물 화석에 남아 있습니다. 과학자들은 210만~170만 년 전 사이에 습한 기후와 건조한 기후를 번갈아 오갔다는 사실을 확인했습니다. 호수에는 물이 차올랐다가, 줄어들었다가, 말랐다가, 다시 물이 차올랐습니다. 삼림지대는 건조한 초원으로 바뀌었다가 다시 숲이 되었습니다. 이런 변화는 호미닌 하나가 일생을 사는 동안 벌어진 것은 아닙니다. 그렇지만 진화의 시간 차원에서 본다면, 이런 변화는 급속히 이뤄졌습니다. 동식물 무리 모두가 영향을 받았습니다. 잽싸게 적응할 수 없었던 생물들은 멸종했습니다.

우리 조상들은 이미 똑똑하고 융통성이 있었습니다. 아마도 들쑥날쑥 널을 뛰는 기후가 한층 더 똑똑하고 다재다능한 개체를 선택했을 겁니다. 도구를 다루는 재주가 제일 좋은 이들을 말이죠. 문제를 해결하고 혁신을 일으키는 이들, 다양한 상황에서 음식과 물을 찾을 수 있는 장소를 가장 잘 기억하는 개체들을 말입니다. 무화과나무가 시들었다고요? 나뭇가지를 살피며 표범이 숨겨둔 죽은 가젤을 찾으면 됩니다. 말라가는 연못에서 물고기가 헐떡이고 있다고요? 뾰족한 막대기로 잡으면 됩니다. 풀이 다 죽었다고요? 모래를 파서 덩이줄기를 캐내고, 그걸 들고 살기 더 좋은 곳을 찾아 나서면 됩니다.

호미닌이 불규칙한 기후에 맞서야 했던 건 이번이 처음이 아니었습니

● 죽은 시체에서 고기를 얻는 행동 덕분에 날고기 외에도 생 골수, 생 내장, 생 뇌 같은 간식거리를 메뉴에 올릴 수 있었습니다. 맛있게 드세요.

다. 루시의 종(오스트랄로피테쿠스 아파렌시스)은 앞서 기후가 불안정하던 370만 년 전에 진화했습니다. 호모 하빌리스가 처음으로 나타났던 240만 년 전에도 기후가 변화하고 있었지요. **환경이 시험하고 환경이 선택합니다.** 또 기후가 불안정했던 200만 년 전은 근본적으로 새로운 종류의 호미닌이 진화한 시기와 일치합니다. 바로 호모 에렉투스입니다.

오스트랄로피테쿠스와 호모 하빌리스는 두 다리로 서서 걷는 유인원이 발전한 형태라고 설명할 수 있습니다. 호모 에렉투스는 인류를 향한 문턱을 넘어섰습니다. 에렉투스는 몸의 비율이 인간과 거의 비슷하고 크기도 인간 정도였습니다. 체격이 조금 더 다부지기는 했지만요. 만약 오늘날 살아 있는 호모 에렉투스가 있다면, 웨이트 트레이닝을 많이 한 인간과 쉽게 착각할 만한 정도입니다. 적어도 뒷모습을 보았을 때는요. 호모 에렉투스가 몸을 돌려 앞모습을 보여주면 그제야 깜짝 놀라 넘어졌을 겁니다. 호모 에렉투스의 두개골 크기를 보면 인간과 비슷한 지능을 지녔을 것이라 추측할 수 있지만, 아래로 볼록한 이마와 눈 위로 뼈가 두텁게 돌출된 점은 현생 인류와 전혀 다릅니다.

기억하실지도 모르겠지만, 오스트랄로피테쿠스의 뇌는 평균 부피가 450mL였습니다. 그 정도 크기를 액체로 바꾸면 커피 잔◆ 두 개에 약간 못 미칠 정도가 될 겁니다. 호모 하빌리스의 뇌 부피가 610mL가 되는 데는 다시 150만 년이 더 걸렸습니다. 이는 커피 잔 2.6개를 채울 정도입니다. 평균적으로 따져본다면 뇌는 10만 년마다 2티스푼◆◆만큼 커진 셈입니다.

불과 60만 년 뒤, 에렉투스의 뇌는 평균 980mL가 됩니다. 커피 잔 4개

◆ 커피 잔 1개의 부피는 약 240mL이다.
◆ 1티스푼의 부피는 약 5mL이다.

를 채울 정도의 부피입니다. 뇌가 10만 년마다 12티스푼만큼 커진 꼴이지요. 예전보다 속도가 6배는 더 빨라진 것입니다. 빠르게 변하는 기후 때문에 큰 뇌를 선택해야 한다는 압박이 커졌던 것으로 보입니다. 똑똑하다는 것은 곧 살아남는다는 뜻이었습니다.

이렇게 급격한 성장세를 보고 여러분은 이런 생각이 들었을지도 모릅니다. "아, 이제 드디어 우리가 돌고래보다 똑똑해졌겠군!" 아니요. 100만 년 전에 외계인 과학자들이 지구를 찾아와 호미닌과 돌고래의 뇌와 몸의 비율을 각각 계산해 따져봤다면, 돌고래가 여전히 우세했을 겁니다. 그렇지만 우리도 따라잡고 있었습니다.

물론 그렇게 커진 뇌에 에너지를 공급할 만큼 음식을 넉넉히 찾아낼 수 없었다면 에렉투스의 뇌 크기가 늘어나는 일은 일어나지 않았을 겁니다. 몸과 뇌가 더 커진 것을 놓고 본다면, 에렉투스에게는 오스트랄로피테쿠스보다 매일 80퍼센트 많은 에너지가 필요했을 것으로 추정됩니다.

에렉투스는 오스트랄로피테쿠스와 호모 하빌리스의 많은 행동들을 그대로 했습니다. 단지 더 잘했을 뿐이었죠. 에렉투스는 긴 다리, 아치형 발, 짧은 발가락, 근육이 붙은 엉덩이● 덕분에 오스트랄로피테쿠스나 호모 하빌리스보다 먼 거리를 더 효율적으로 걷고 뛸 수 있었습니다. 더 넓은 영역을 돌아다닌다는 것은 곧 먹을거리를 얻을 만한 죽은 동물들을 찾을 확률이 늘어난다는 뜻입니다. 그리고 에렉투스는 아프리카들개와 똑같은 방법을 써서 중간 크기 정도의 초식동물을 사냥하기 시작했을지도 모릅니다.

동물의 몸은 짧은 거리를 전력 질주하거나 먼 거리를 오래 달리도록

● 그렇습니다. 해골 화석으로 고대의 엉덩이에 관해서도 알아낼 수 있습니다. 과학이 지닌 또 하나의 놀라운 면모지요.

사냥감을 추격하는 아프리카들개

적응할 수는 있지만, 두 가지를 모두 잘하기는 어렵습니다. 톰슨가젤처럼 아프리카의 여러 영양 종류는 커다란 고양잇과 동물이나 하이에나보다 더 빨리 달릴 수 있도록 진화했습니다. 이들은 빠르게 질주할 수는 있지만, 오래 뛰어다닐 수는 없습니다. 아프리카들개는 이 점을 이용합니다. 한 무리에 속하는 구성원들이 번갈아가며 가젤을 쫓으면서, 추격에 나서려고 기다리고 있는 다른 개를 향해 몰아갑니다. 가젤이 지쳐서 쓰러질 때까지 말입니다.

아프리카에 살던 다른 포유류와 비교한다면, 우리 에렉투스 조상들은 웃음이 나올 정도로 느렸습니다. 그렇지만 이들은 몇 킬로미터씩 연달아 뛸 수 있는 타고난 마라토너였을지도 모릅니다. 나이가 많거나, 병들었거나, 상처를 입었거나, 어린 먹잇감이라면 릴레이 달리기를 하기로 마음을 굳게 먹은 배고픈 호미닌 무리의 사냥감이 되기가 특히나 쉬웠을 것입니다.

이런 종류의 사냥법을 쓸 때는 그저 신체적인 건강만 중요한 게 아닙니다. 지능도 필요합니다. 우리 조상들은 대부분의 포식자들이 하듯이 냄새를 이용해 사냥을 할 수 없었습니다. 냄새를 맡는 감각이 형편없었기 때문입니다. 그렇지만 코 대신에 뇌를 활용했습니다. 먹잇감을 찾아내려면 에렉투스 무리는 지형을 파악해야 했습니다. 동물이 지나간 흔적이나 동물의 똥처럼 여러 작은 단서들을 찾아내야 했습니다. 먹잇감으로 삼을 만한 동물을 발견하고 나면, 결정해야 할 것들이 더 생겨났습니다. 어떻게 해야 먹잇감에 잘 다가갈 수 있을까? 떼를 지어 있는 동물이라면, 어떤 동물을 표적으로 삼아야 할까?

추격을 하려면 긴밀한 협동, 모두의 강점과 약점에 관한 지식, 사자와 하이에나가 오기 전에 돌로 만든 무거운 도구로 시체를 빠르게 자를 수 있는 능력이 필요했습니다. 어쩌면 에렉투스들은 노동 분업을 활용했을지도 모릅니다. 이 사냥꾼은 격한 뜀박질을 제일 잘하고, 저 사냥꾼들은 오랫동안 뒤쫓는 데에 탁월하니, 도구를 든 에렉투스는 다른 에렉투스의 뒤를 따라가며 멀찍이서 추격전을 지켜보다가 기회를 틈타 지름길로 간다든지 하면서요.

기억하시겠지만, 똑바로 서는 자세 덕분에 우리 조상들은 체온이 너무 높아지는 걸 막을 수 있었습니다. 태양에 곧바로 노출되는 몸 표면이 줄어들었기 때문입니다. 땀샘이 있는 점도 도움이 되었습니다. 에렉투스는 초기 호미닌보다 털이 적었을 가능성도 있습니다. 몸에 털이 적으면 땀을 효율적으로 흘릴 수 있게 되니 에렉투스의 체온을 서늘하게 유지하기도 좋았습니다. 똑바로 선 자세, 땀, 예전보다 더 듬성듬성 난 털 덕분에 에렉투스는 열사병으로 쓰러지는 일 없이 먹잇감을 몇 킬로미터씩 추격할 수 있었습니다.

그런데 몸에 난 털이 달라지며 우리 피부색도 바뀌었을지 모릅니다. 침

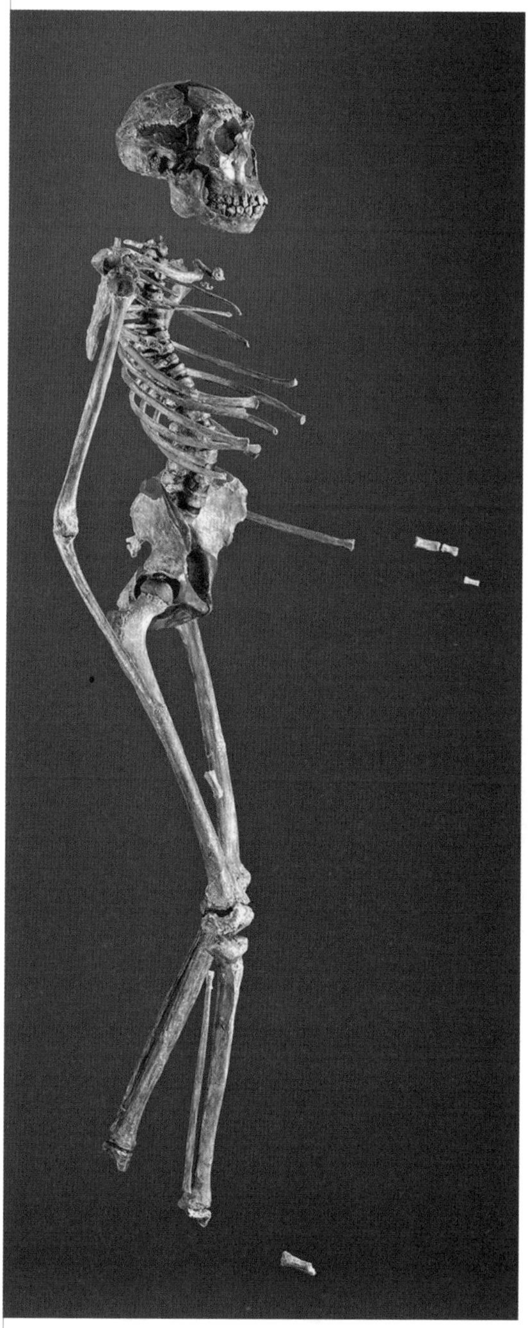

나리오코토메 소년의 뼈를 본뜬 것

팬지처럼 숲에 사는 대형 유인원은 얼굴은 갈색이지만, 어두운 털에 덮인 피부는 분홍빛이 감도는 하얀색입니다. 초기 우리 조상들의 털과 피부도 아마 이와 비슷했을 것입니다. 환경이 몸에 털이 적은 개체를 선택했으니, 피부는 더 어두워야 했겠죠. 어두운 색 피부는 햇볕에 상하지 않도록 보호해주는 화학 물질(멜라닌)을 가지고 있습니다. 다시 말해, 우리가 영장류에서 멀어지고 인간과 가까운 모습이 되어가면서 피부색이 어두워졌던 것입니다.

우리가 에렉투스에 관해 알고 있는 많은 것들은 '나리오코토메Nariokotome 소년'이라는 별명이 붙은 화석 덕분입니다. 지금의 케냐(동아프리카) 지역에서 160만 년 전에 이 소년이 늪에 빠져 죽었고, 소년의 몸은 진흙 속으로 가라앉았습니다. 악어나 하마에게 물려 죽지는 않았습니다. 소년의 턱뼈에 남아 있는 흔적을 살펴보면, 치주염 때문에 오랫동안 죽을 듯한 고통을 겪었을 가능성

루시(왼쪽)와 나리오코토메 소년(오른쪽)

이 큽니다.

나리오코토메 소년은 키가 컸습니다. 160센티미터 정도였으니까요. 소년의 골격은 청소년 정도로 보이지만, 치아를 현미경으로 조사해보면 죽었을 시점에 겨우 8~9세 정도였을 것으로 보입니다(치아 에나멜은 매일 조금씩 벗겨지므로, 과학자들은 에나멜층을 조사해서 어떤 동물이 얼마나 빨리 성체가 되는지를 알아낼 수 있습니다). 나리오코토메 소년의 치아를 과학적으로 분석한 결과를 보면, 어린 에렉투스들은 어린 인간보다 두 배는 더 빠르게 성장했습니다. 이는 침팬지와 보노보가 성장하는 속도와 비슷합니다.

우리는 나리오코토메 소년이 집에서는 어떻게 지냈는지 별로 아는 게 없습니다. 나리오코토메 소년의 무리는 어떻게 서로 유대감을 쌓았을까요? 수컷과 암컷은 가족적인 유대를 강하게 맺었을까요, 아니면 가족보다는 다른 관계가 더 중요했을까요? 몇몇 개체들이 지배를 했을까요? 만약 노동 분업이 이뤄졌다면, 누가 사냥을 하고 누가 채집을 했을까요?

과학자들은 인간의 초기 조상들의 사회생활에 관한 단서를 얻고자 침팬지를 종종 살펴봅니다. 수컷 침팬지들은 보통 가까운 친척과 동맹을 맺습니다. 아버지, 형제, 삼촌들과요. 이들은 권력을 놓고 다투며 암컷을 지배합니다. 수컷 침팬지는 경쟁자에게 극심하게 공격적으로 굴기도 합니다. 그리고 한 집단에 속한 침팬지들이 힘을 합쳐서 이웃 집단의 수컷들을 공격하고 죽일 수도 있습니다. 암컷 침팬지들의 유대는 동맹 관계를 맺은 수컷들만큼 긴밀하지는 않습니다. 이는 아마도 암컷 침팬지들은 성장하면 자신이 태어났던 집단을 떠나서 다른 집단에 들어가기 때문일 것입니다.

그렇지만 우리 인간은 침팬지와 비슷한 만큼 보노보와도 가깝습니다. 보노보는 우리 조상들이 어떻게 살았을지를 생각해볼 수 있는 전혀 다른 시각을 제공합니다. 암컷 보노보는 암컷 침팬지와 마찬가지로 성적으로 성

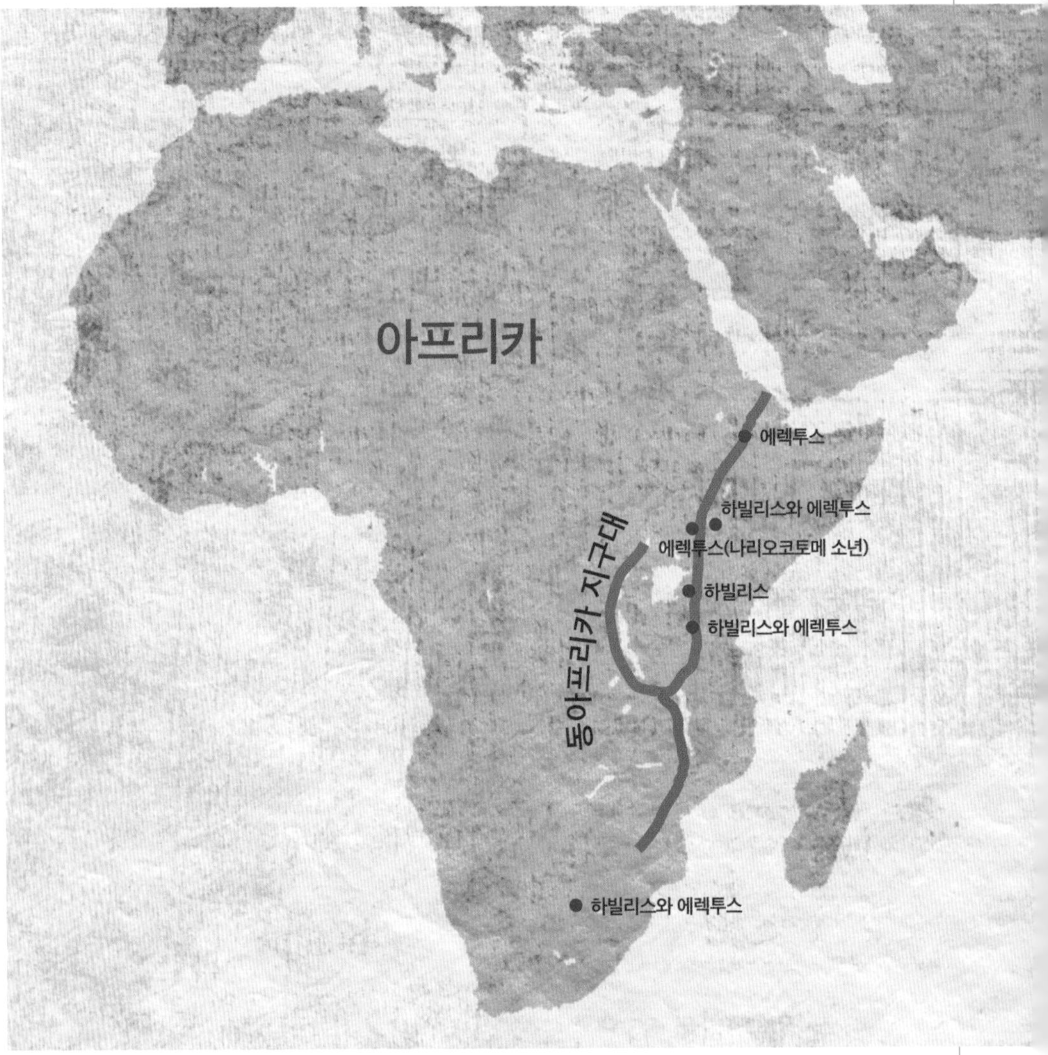

호모 하빌리스와 호모 에렉투스 화석이 발견된 장소

숙하면 자신이 태어난 집단을 떠나긴 하지만, 새로운 집단에 들어가 다른 암컷들과 긴밀한 우정을 맺습니다. 수컷 보노보는 대개 암컷들을 지배하지 않으며, 수컷은 평생 동안 어머니와 가까운 관계를 유지합니다. 보노보 사이에서는 폭력이 별로 일어나지 않습니다.

현생 인류로 이뤄진 수렵채집 사회는 우리 조상들의 사회생활을 설명해줄 만한 또 다른 사례입니다. 물론 현대의 수렵채집 사회는 다른 인간 집단과 더불어 진화를 해왔습니다. 그렇지만 수렵과 채집은 인류가 생계를 이어가는 가장 오래된 방식이기에, 과학자들은 현대의 수렵채집 사회가 오래전의 전통들을 보전하고 있을 것이라 생각합니다. 이런 사회에서는 암컷과 수컷이 짝을 지어 유대 관계를 이루는 것이 일반적입니다. 그리고 남성과 여성 사이에 노동 분업이 이뤄지는 것이 일반적이기는 하지만, 다양한 변형이 있습니다. 어떤 수렵채집 사회에서는 남성 사냥꾼들이 음식을 대부분 조달합니다. 또 어떤 수렵채집 사회에서는 여성들이 식물과 덩이줄기를 채집해 필요한 열량 대부분을 충당합니다. 어떤 문화에서는 여성들이 사냥합니다. 또 다른 문화에서는 여성이 사냥하지 않습니다. 어떤 사회에서는 여성이 짝을 찾을 준비가 되면 자신이 태어났던 집단을 떠나 다른 집단으로 들어갑니다. 또 다른 사회에서는 남성이 집단을 떠납니다. 흥미로운 점은, 현대의 수렵채집 사회 대부분은 남성이 지배하기보다는 평등한 사회라는 것입니다. 보통은 모두가 목소리를 낼 수 있습니다.

우리 모두는 각자 속한 문화의 사고방식대로 생각하고는 합니다. 수컷 에렉투스가 파리가 윙윙 꼬여 든 물소 앞다리를 자신의 짝에게 가져다주고, 그 짝인 암컷 에렉투스는 하이에나가 물어가지 않도록 하루 종일 두 아이를 돌보며 흙에서 덩이줄기를 캐냈을 것이라는 상상이 알맞고 자연스럽게 여겨질 수 있습니다. 그렇지만 에렉투스가 150만 년 전에 무얼 하고 있었는지 우리는 모릅니다. 우리는 그저 여러 가능성을 탐구할 수 있을 뿐입니다. 임신을 했거나 아이에게 젖을 주는 암컷이 아이의 뇌 성장에 도움을 주는 추가 영양분을 구하도록 가까운 친족이 도와주었을 가능성은 확실히 높아 보입니다.

이렇게 뇌가 커다란 에렉투스가 새롭고 발전된 도구를 발명했다는 사실을 우리는 똑똑히 알고 있습니다.

호모 하빌리스와 일부 오스트랄로피테쿠스가 만들었던 올도완 도구는 비교적 단순했습니다. 그렇지만 에렉투스는 아슐리안Acheulean 도구를 발명했습니다. 이 주먹도끼의 이름은 최초로 발견된 지역의 이름을 따서 붙인 것입니다. 끄트머리가 점점 가늘어지는 모양새에 가장자리가 날카로운 아슐리안 주먹도끼는 올도완 양식의 작은 도끼나, 긁어내는 도구에 비해 시체를 자르기가 훨씬 좋았습니다. 주먹도끼를 만들려면 돌을 부수어 큰 달걀형 조각을 얻어낸 다음, 양쪽 가장자리에서 작은 조각을 떼어내며 모양을 잡았습니다. 주먹도끼를 사용하다 가장자리가 무뎌지면 다시 떼어낼 수 있었습니다.

만약 얼마나 오랫동안 사용되었는가에 따라 디자인의 성공 여부를 판가름한다면, 시대를 막론하고 아슐리안 주먹도끼가 챔피언 자리에 오를 것입니다. 우리 조상들이 100만 년 동안 선택했던 도구니까요.

도구는 단순한 도구 이상이 되기도 합니다. 오래전 주먹도끼들은 대부분 인간의 손 정도 크기입니다. 그런데 어떤 주먹도끼는 너무 커서 실용성이 떨어지기도 합니다. 알제리(북아프리카)에서 발견된 어느 주먹도끼는 길이가 35센티미터입니다. 보통 주먹도끼처럼 한 손으로 휘두르기에는 너무 크고 무겁습니다. 이 거대한 물체를 바위에 내리쳐서 마음에 드는 물방울 모양으로 다듬으려면 힘과 기술이 모두 필요했습니다. 이걸 만든 이는 다루기 좋은 주먹도끼보다는 눈에 확 띄는 물건을 만드는 데에 더 관심이 컸던 걸까요? 만약 그렇다면, 여러분은 최초의 조각품을 보고 있는 셈입니다.●

이쯤 되면 이런 궁금증이 생겨날 겁니다. 호모 에렉투스가 나타났을 때

알제리(북부 아프리카)에서 발견된 특대 사이즈 주먹도끼

오스트랄로피테쿠스와 호모 하빌리스에게는 어떤 일이 벌어졌을까?

200만 년 전 아프리카에는 다양한 호미닌 집단이 살고 있었습니다. 적어도 세 종류의 오스트랄로피테쿠스를 비롯해 호모 하빌리스의 두 가지 변이형이 남아 있었습니다. 기억하시겠지만, 어떤 종에서 한 종이 진화해 나온다고 해서 앞선 종이 멸종하는 것은 아닙니다. 안정적인 환경에서 살아가는 집단은 별로 바뀌지 않는 반면에, 다른 지역에 사는 종은 강력한 자연선택의 압박을 받으며 새로운 종이 진화해 나올 수도 있습니다(과학자들은 이런 과정을 '종 분화'라고 부릅니다).

200만 년 전, 에렉투스는 말하자면 동네에 새로 등장한 덩치 큰 녀석과도 같았습니다. 에렉투스 무리는 동부와 남부 아프리카로 뻗어나가며 오스트랄로피테쿠스와 하빌리스를 만났을 가능성이 있습니다.

이 모두가 서로 어떻게 지냈는지는 모르지만, 현생 대형 유인원을 참고해볼 수는 있을 겁니다. 인간을 제외하고 현재 살아 있는 대형 유인원 4종(침팬지, 보노보, 고릴라, 오랑우탄) 가운데 침팬지와 고릴라만이 야생에서 서로 교집합이 생깁니다. 때로 침팬지와 고릴라는 서로를 보고도 별다른 일

● 자랑하기를 좋아하는 최초의 조상이 만든 것이겠죠?

없이 지나갑니다. 어느 때는 침팬지가 자기 것이라고 여겼던 과일 나무에 고릴라가 가까이 다가가면 침팬지가 소리를 지르고 나뭇가지를 치며 난리를 피웁니다. 고릴라는 침팬지만큼 공격적으로 굴지는 않지만, 고릴라의 크기와 힘이 더 월등하다는 점을 생각해본다면 고릴라는 거의 무엇이든 원하는 대로 할 수 있을 겁니다.

오스트랄로피테쿠스, 호모 하빌리스, 호모 에렉투스가 마주쳤을 때는 온갖 반응이 나왔을 겁니다. 각 편에 개체 수가 얼마나 많았는지, 음식이 걸린 상황이었는지, 어느 쪽이 더 배가 고팠는지에 따라서 말이지요. 귀한 시체를 놓고 서로 공격적으로 맞섰을 때라면, 몸도 크고 뇌도 큰 호모 에렉투스가 승리를 거머쥐었으리라 상상해볼 수 있습니다. 호미닌이 서로를 죽이고 잡아먹었을 가능성도 배제할 수 없습니다. 그렇지만 서로를 피하거나 다소 불편한 수준에서 공존하는 것이 일반적이었을 겁니다.

또 서로 다른 호미닌 종이 때때로 짝짓기를 해서 잡종 새끼를 낳았을 수도 있습니다. 발생 계통이 가까운 근연종 간에 잡종 교배하는 일은 야생에서 흔하지는 않지만, 그래도 일어나기는 일어납니다.●

잡종 호미닌 얘기가 얼토당토않다는 생각이 드나요? 이 사실을 한번 생각해보세요. 지금 살아 있는 사람 가운데 100퍼센트 순수한 호모 사피엔스는 없을 확률이 큽니다(이 얘기는 나중에 더 하겠습니다).

아프리카에 살던 호미닌의 일부는 마침내 북쪽으로 향했습니다. 에렉투스는 틀림없이 그랬습니다. 아마 다른 호미닌도 그랬을지 모릅니다. 이 선구자들은 더 좋은 풀밭을 찾아 나선 초식동물 무리를 따라가다 보니 그

● 예를 들면, 오늘날 기후 변화로 야생 회색곰과 야생 북극곰이 만나고 있습니다. 이들이 반씩 섞인 새끼는 주로 붉은색을 띱니다.

150만 년 전의 두개골 화석을 모아둔 모습. 모두 탄자니아(동아프리카)에 있는 동일한 지층에서 발견되었다. 왼쪽부터 오른쪽으로 에렉투스, 하빌리스, 건장한 오스트랄로피테쿠스 암컷, 건장한 오스트랄로피테쿠스 수컷.

쪽으로 이끌렸을 수도 있습니다. 어쩌면 주변 지역이 황량해져 먹을거리를 구하기 어려워지면서 이동할 수밖에 없었을 수도 있습니다. 어떤 식으로 일어났건 간에, 몇몇 진취적인 호미닌들은 북쪽을 누볐습니다. 아마도 나일강을 따라서요. 그러다가 오른쪽으로 방향을 틀었습니다.

수천 년 넘게 엄청난 모험들이 벌어졌습니다. 아시아, 오스트레일리아, 유럽, 아메리카, 오세아니아의 섬들에 이른 최초의 현생 인류를 아울러서 말이지요. 그렇지만 시대를 막론하고 가장 위대한 탐험은 바로 맨발로 걸어 다녔던 오래전 조상 무리의 몫이었습니다. 이들은 자신들이 태어난 고향 대륙을 떠나, 그 어떤 호미닌도 가본 적 없는 곳으로 담대하게 향했습니다.

하이킹에 나서다

4단계

나리오코토메 소년

지금 들려줄 이야기는 주제와 전혀 동떨어진 얘기처럼 느껴질 겁니다. 그렇지만 잠시 일본어를 떠올려봅시다. 세계에서 가장 복잡한 쓰기 체계를 지닌 언어입니다.

일본에 사는 아이들은 음절을 바탕으로 이뤄진 서로 다른 체계 두 가지를 배워야 합니다. 각 체계에는 글자 142개가 들어 있습니다. 그리고 한자 쓰기 체계에서 따온 1800개쯤 되는 글자도 배워야 합니다. 이 글자들은 어떻게 쓰이는가에 따라 똑같은 한 글자라도 의미와 발음이 여러 가지입니다.

나리오코토메 소년 같은 에렉투스는 어떤 것을 알아두어야 했을까요?

오늘날 동부 아프리카의 사바나 지역에는 1000종이 넘는 다양한 새, 포유류, 파충류, 양서류에다 먹을 수 있는 식물과 곤충류 수십 종이 살고 있습니다. 그리고 이건 그나마 적은 추정치입니다. 나리오코토메 소년이 살던 시절, 동부 아프리카에는 오늘날보다 더 많은 종들이 살았을 겁니다.

각각의 동물 종은 고유한 행동 양식이 있습니다. 여러 먹을거리는 연중 서로 다른 때에 서로 다른 장소에서 발견됩니다. 만약 가젤부터 유충까지 셀 수도 없이 많은 세세한 정보를 흡수하고 기억할 만한 지적 능력이 여러분에게 있다면, 먹을거리가 별로 없는 시기에도 살아남을 가능성이 큽니다. 특히나 창, 활과 화살, 그물, 낚싯바늘, 덫, 투석기, 취관이 발명되기 한참 전에 살고 있었다면 말입니다.

여러분이 이제 막 나는 법을 배운 어린 새를 사냥하려 한다고 쳐봅시다. 다 자란 새와는 달리 어린 새들은 여러 가지로 서툴고 또 순진합니다. 어린 새는 돌멩이를 잘 겨냥해서 던지면 나무 아래로 떨어뜨리기도 쉽습니다. 부모에게 먹을 것을 달라고 조르는 어린 새의 울음소리를 여러분은 알아들을 수 있나요? 그렇다면 어린 새를 겨냥해서 돌을 던질 수 있을 겁니다.

그런데 잠깐만요. 이 종은 어른 새들도 조르는 울음소리를 냅니다. 자신이 알을 품고 있는 동안 짝에게 음식을 가져다달라고 부탁하는 소리입니다. 어떤 울음소리인지 알아들을 수 있나요? 어린 새가 우는 소리와는 살짝 다릅니다. 어른 새가 우는 소리로는 둥지가 어디 있는지를 알 수 있습니다. 여러분은 나무를 기어 올라가 알을 가져올 수 있겠죠. 그런데 문제는 바로 새들이 종류마다 다른 울음소리를 낸다는 겁니다. 여러분이 효율적으로 어린 새를 사냥하고 알을 모으려면, 머릿속에다 새소리 백과사전을 집어넣고 다녀야 합니다. 그러지 않으면 돌에 절대로 맞지 않게끔 잔뜩 경계하고 있는 어른 새를 향해 돌을 던지느라 시간과 에너지를 허비하거나, 나무를 기껏 오르고도 알 한 개도 찾아내지 못할 겁니다. 설령 어쩌다가 순전히 운이 좋아서 먹을거리를 찾아낸다 한들 서서히 굶주리게 될 겁니다. 계획 없이 되는 대로 음식을 찾아다니면 우연히 구한 얼마 되지도 않는 음식으로 얻는 에너지보다도 써버리는 에너지가 더 많을 겁니다.

호모 에렉투스가 사바나 지역에 있던 동물들을 **전부 다** 먹었다는 뜻이 아닙니다. 어떤 동물들은 에렉투스를 잡아먹었습니다. 그리고 덩치가 더 큰

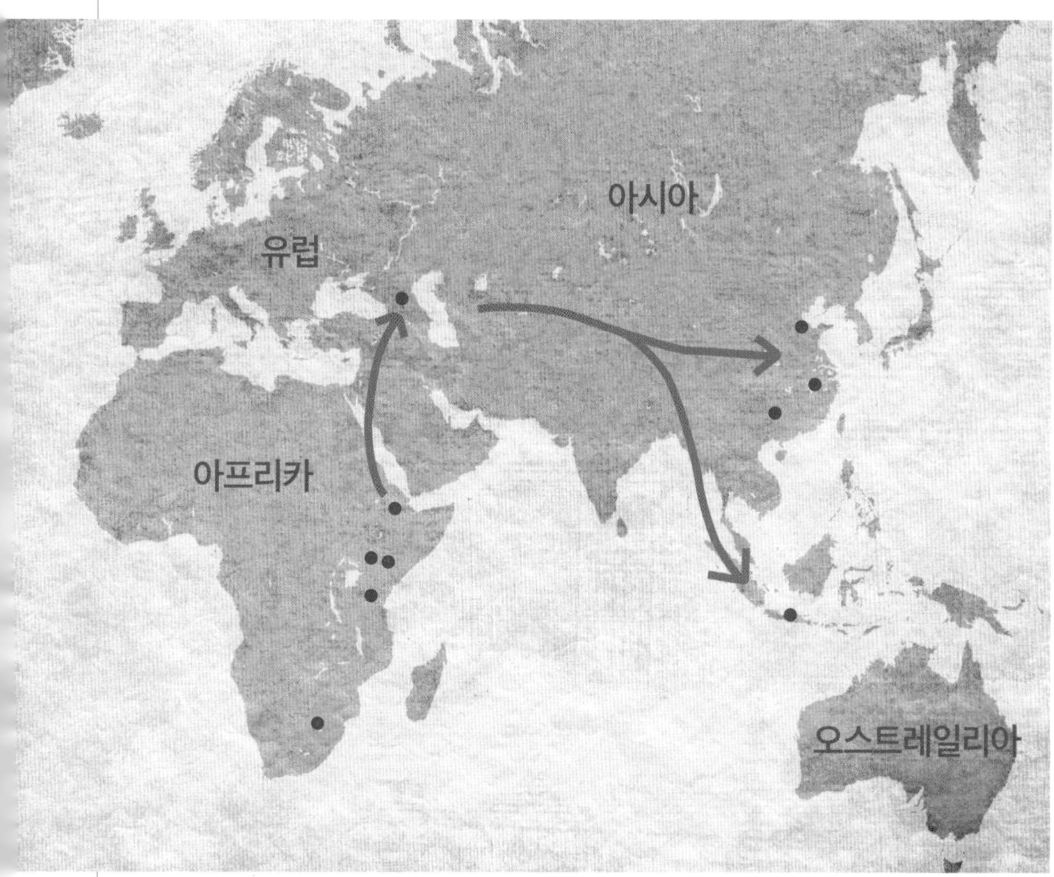

화석과 돌로 만든 도구(점으로 표시된 지역)는 호모 에렉투스가 아프리카를 떠나, 동유럽을 거쳐 아시아 본토와 동남아시아로 이주했다는 증거이다. 명확하게 알아볼 수 있도록 지금의 해안선을 표시했다.

초식동물 가운데도 위험한 동물들이 많았습니다. 계속 목숨을 부지하고 싶다면 같은 동네에 사는 무서운 동물들에 관해 세세히 알고 있어야 합니다. 하마가 여러분을 반죽처럼 으깨버릴 가능성이 가장 큰 때는 언제일까요?● 성이 난 타조와 맞닥뜨렸는데 타고 올라갈 나무가 없다면 어떻게 해야 할까

● 하마가 물로 돌아가는 길을 여러분이 막고 있을 때입니다.

요?● 날뛰는 코끼리에게서 달아나고 있다면, 사자 무리가 있는 곳으로 달려가면서 코끼리를 혼란스럽게 만들어야 할까요?●● 아프리카에는 치명적인 작은 생물들도 잔뜩 살고 있습니다. 독사, 거미, 전갈이지요. 이런 동물들을 피하는 법을 알면 수명이 길어질 겁니다.

이제 한자 1800개를 외우는 일이 그리 힘들어 보이지는 않지요?

호모 에렉투스 무리들은 아프리카를 떠나면서 주변 환경을 익히는 능력도 함께 품고 갔습니다. 이들은 온갖 생태계를 맞닥뜨릴 때마다 이 기술을 적용했습니다. 세대를 거듭하며 이들은 북쪽이며 동쪽으로 퍼져나갔습니다. 180만 년 전 무렵에는 동유럽에 이르렀고, 170만 년 전 무렵에는 중국에 다다랐습니다. 150만 년 전쯤에는 동남아시아 열대 지방에 살고 있었습니다. 이렇게 이주하기 위해 에렉투스는 아프리카와는 전혀 다른 숲, 초원, 건조한 지역에 관해 알아가야 했습니다.

흥미로운 점이 하나 있습니다. 어쩌면 세상을 돌아다닌 호미닌이 에렉투스 하나만은 아니었을지도 모른다는 힌트가 있다는 사실입니다.

최근 중국에서 과학자들은 야생 소, 돼지, 사슴 흔적 근처에 있던 돌로 만든 도구를 발견했습니다. 210만 년 전의 도구들이었습니다. 이는 가장 오래된 호모 에렉투스 화석보다도 더 이른 시기입니다. 누가 이 도구를 만들었을까요? 어쩌면 호모 에렉투스는 우리가 생각하는 것보다 더 일찍 진화해서 예상보다 일찍 아프리카를 떠났을지도 모릅니다. 또는 에렉투스보다

● 바닥에 엎드려야 합니다. 타조는 가운뎃발가락에 있는 무거운 발톱을 아래쪽으로 휘두릅니다. 타조는 이렇게 영화 〈베스트 키드〉 주인공처럼 움직이며 여러분의 내장을 꺼낼 수도 있지만, 여러분이 배를 땅에 대고 납작 엎드린다면 그저 머리를 밟고 지나가는 정도로 그칠 겁니다.

●● 어림도 없는 소리입니다. 혹시 이걸 시도해본다면, 그 뒤에 어떻게 되었는지 제게 알려주세요.

앞서서 다른 호미닌이 고향을 떠났을지도 모르고요.

이는 우리를 '호빗'에게로 이끌고 갑니다.

최근 동남아시아의 두 섬에서 새로운 호미닌 두 종의 화석이 발견되었습니다. 이 화석은 키가 110센티미터 정도로 작았기에 과학자들은 이 종에게 '호빗'이라는 별명을 붙여주었습니다. 이 호빗은 크기가 줄어든 호모 에렉투스였을까요? 아니면 호모 에렉투스보다 한참 앞서서 아프리카를 떠났던 호모 하빌리스, 또는 오스트랄로피테쿠스의 후손일까요? 아프리카 바깥에서는 오스트랄로피테쿠스나 호모 하빌리스의 화석이 발견된 적이 없지만 어쩌면 발견되기를 기다리는 증거가 있을지도 모릅니다.

호빗 이야기는 나중에 마저 더 듣게 될 겁니다. 이제는 우키를 살펴봅시다.

혹시나 더 안전한 동네가 있을까 기대하면서 아프리카를 떠났던 호모 에렉투스가 있었다면, 그들은 엄청나게 실망했을 겁니다. 그 당시 아시아에는 아프리카와 마찬가지로 검치호랑이, 사자, 표범, 하이에나, 코끼리, 코뿔소가 살고 있었거든요. 거기다가 아시아에는 곰, 호랑이, 그리고 다른 대형 유인원은 별로 대형이라고도 할 수 없게 만들어버리는 대형 유인원이 있었습니다.

기간토피테쿠스 블라키는 마치 거인 우키◆ 같은 모습이었습니다. 일어서면 키가 300센티미터 정도였을 것이고, 몸무게는 500킬로그램쯤 됐을 겁니다. 만약 그랬다면, 제일 큰 고릴라보다 세 배쯤 몸집이 더 큰 셈이었네요. 츄바카Chewbacca◆보다는 거의 90센티미터는 더 컸을 테고요. 그나마 이 어

◆ 영화 〈스타워즈〉에 나오는 거인 종족으로 키가 2.1미터 정도이다.

◆ 영화 〈스타워즈〉 속 등장인물로 우키족 출신이다.

암컷 호모 플로레시엔시스(플로레스 섬 호빗)

마어마한 영장류는 초식동물이었습니다. 그렇다 하더라도 이 영장류가 여러분을 싫어할 만한 구실을 만들고 싶지는 않겠죠.

호모 에렉투스는 우키, 사자, 호랑이, 곰과 함께● 새로운 서식지에서 살아남았습니다. 뇌가 큰 덕분에 학습하고 적응하는 능력이 있었던 덕분입니다. 또 이들은 새로운 환경을 탐색하도록 돕는 도구도 발전시켰습니다.

우리는 호모 에렉투스가 돌로 만든 도구를 사용했다는 걸 알고 있습니다. 과학자들은 이들이 다른 재료로도 도구를 만들었을 것이라고 봅니다. 아시아에 살던 에렉투스 무리는 분명 대나무를 알고 있었을 겁니다. 대나무는 가볍고 견고하며, 가장자리가 날카롭고, 속이 빈 채로 자라납니다. 알맞은 지점을 자른다면 대나무를 음식이나 물을 담는 용기로도 쓸 수 있습니다.

전 세계에 퍼진 에렉투스들은 식물로 만든 도구를 발명해냈을 가능성이 큽니다. 막대기, 물을 저장할 수 있게 말린 박, 밤에 안전하게 지낼 수 있도록 나뭇가지나 가시덤불로 만든 피난처나 바리케이드, 물을 건널 때 쓰는 나무나 대나무 뗏목, 그리고 물건을 묶을 때 쓸 수 있게 말린 덩굴 같은 것을요. 안타깝게도 이런 것들에 관해 확실히 알 길은 영영 없습니다. 이런 도구는 전부 오래전에 썩었으니까요.

동남아시아에 살던 어떤 에렉투스들은 조개로 된 도구를 발명했습니다. 50만 년 전, 인도네시아 자바 섬에서는 민물에 사는 날카로운 홍합 껍데기를 다듬어 칼처럼 예리한 날을 만들어냈습니다. 그리고 똑같은 장소에서 과학자들은 최초라고 알려진 새긴 흔적을 발견했습니다. 홍합 껍데기에 단순한 지그재그 무늬를 새긴 것이었습니다. 순수하게 장식을 위해 만든 것

● 오, 세상에나.

인도네시아(동남아시아)에서 발견된 홍합 껍데기. 약 50만 년 전 호모 에렉투스가 장식한 것이다.

처럼 보입니다. 우리가 공책에다 낙서를 하게 만드는 충동을 에렉투스도 똑같이 느꼈던 걸까요?

그러니 호모 에렉투스는 동식물에 관한 중요한 정보를 기억하고, 다양한 종류의 도구를 만들고, 또 어쩌면 최초의 예술품을 창조해낸 뇌를 지니고 있었습니다. 그렇지만 나리오코토메 소년 같은 에렉투스는 이런 것들을 전부 다 스스로 알아내지 않아도 되었습니다. 에렉투스가 살던 무렵, 또는 그보다 더 이른 시기에는 우리 조상들이 개인의 뇌를 연결하는 기술을 활용해 생존에 필요한 기술을 아이들에게 전해주었습니다. 이를 가르침이라고 합니다.

가르침이란 지식을 모으고 다른 이들의 경험을 활용하는 방식입니다. 가르침을 통해 우리는 핵심적인 정보를 배우는 속도를 높입니다. 가르침을 통해 우리는 바퀴를 끊임없이 발명하고 또 발명하는 일을 막습니다.●

가르치는 행동은 놀랍게도 자연에서는 보기 드문 행동입니다. 가르침의 과학적 정의는 엄격합니다. 가르치는 자는 배우는 자에게는 도움이 되지만 가르치는 자는 희생하는 방식으로, 다른 행동과는 구별되는 행동을 해야 합니다. 예를 들어, 어미 치타는 자신이 상처를 입혔으나 죽이지는 않은 어린 가젤을 새끼 치타에게 줄 겁니다. 그렇게 해서 새끼들이 먹잇감을 죽이는 법을 배울 수 있도록 말입니다. 만약 어미 치타가 가젤을 곧바로 죽였다면 먹잇감을 먹을 확률이 높아졌을 겁니다. 치타가 사냥한 동물은 하이에나나 사자에게 도둑맞는 일이 흔하기 때문입니다. 그렇지만 그렇게 곧바로 죽이는 대신 어미 치타는 희생을 치르면서 새끼가 가젤을 죽이는 법을 배우도록 해줍니다.

성체 범고래는 때로 자신이 사로잡은 바다사자를 근처에 있는 어린 범고래에게 던져주기도 합니다. 그 바다사자가 도망칠 위험이 있는데도 말이죠. 그리고 어른 미어캣은 전갈의 침을 물어서 떼어내어, 어린 미어캣이 침에 쏘일 위험 없이 전갈을 죽이는 연습을 할 수 있게 해줍니다.

침팬지, 뉴칼레도니아까마귀, 병코돌고래 등 엄청나게 똑똑하고 도구를 사용하는 종이라면 자신들의 새끼를 적극적으로 가르칠 것이라고 여러분은 생각할지도 모릅니다. 그러나 그러지는 않는 것 같습니다. 어린 침팬지들은 주로 어미를 보면서 돌망치와 모루로 견과류 깨는 법을 배웁니다. 어쩌다 한 번씩 어미 침팬지는 어린 침팬지가 쥔 돌을 바로잡아주지만, 그게 전부입니다. 어린 뉴칼레도니아까마귀는 자신의 부모를 면밀히 관찰하고 또 부모가 버린 도구를 가지고 놀면서 도구를 만들고 사용하는 법을 익히는 것으로 보입니다. 어떤 병코돌고래는 숨어 있는 물고기를 찾으려고

● 호모 에렉투스의 시각에서는 바퀴가 마치 밀레니엄 팰컨만큼이나 미래의 물건으로 보이겠지만요.

이 야생 병코돌고래는 바닥에 숨어 있는 물고기를 찾아 해저에 코를 박고 돌아다닐 때 주둥이(코)에 해면을 끼워서 긁히지 않도록 보호한다. 돌고래들은 어미 돌고래가 해면을 도구로 사용하는 모습을 몇 년 동안 지켜본 뒤에야 비로소 '해면 사용자'가 된다.

해저를 살필 때 해면을 사용해 코를 보호하기는 하나, 어미 돌고래가 딱히 적극적으로 가르치는 행동을 보이지는 않습니다. 새끼 돌고래는 어미를 보고 흉내 냅니다.

가르치는 행동은 다른 종 사이에서는 드물게 나타나지만, 인간 사회에서는 보편적인 행동입니다. 우리가 특히나 가르치는 데 능한 까닭은 우리가 의사소통을 잘하기 때문입니다. 가르쳐야 한다는 필요성이, 또 배워야 한다는 필요성이 우리가 더 많이 소통하도록 이끌어줬을지도 모릅니다. 더 잘 소통하게 이끌어주고요.

근처에 야생 소 무리가 있는데, 우리가 노려야 할 만한 소를 표시하고 싶다고 상상해봅시다. 다리를 절고 있어서, 아마도 제일 잡기 쉬울 소입니다. 제가 과연 그 소를 어떻게 표시할까요?

손가락으로 가리키겠죠.

혁명적이죠? 여러분이 어이가 없어서 눈을 굴리는 모습이 여기서도 보일 정도네요.

손가락으로 가리키는 건 실제로 엄청난 행동이었습니다. 침팬지들은 우리와 아주 가까운 관계이기는 하지만 손가락으로 가리키는 행동은 하지 않습니다. 인간에게 잡힌 침팬지들이 손가락으로 가리키는 법을 훈련받기는 하지만, 결코 쉬운 일은 아닙니다. 그렇지만 인간의 아기는 **"멍멍이! 책! 사탕!"**이라고 소리치는 법을 배우기 훨씬 전부터 이미 자신의 뜻을 전하기 위해 손가락으로 가리키는 법을 활용합니다.●

인간은 서로가 관심을 지닌 대상에다 다른 인간이 집중하게끔 만드는 데 대단히 뛰어납니다. 우리는 소통하는 법을 타고난 것 같습니다. 서로 협동하며 살아가는 능력 덕분에 환경이 우리를 선택했으니까요. 환경은 음식 **그리고** 지식을 나누는 능력을 보고 우리를 선택했습니다.

다시 사냥터로 돌아가봅시다. 다리를 저는 소를 제가 손가락으로 가리켰던 게 기억나시나요? 이제 여러분의 주의를 끌어두었으니, 더 많은 정보를 전달할 수 있겠군요. 여러분이 경험이 없는 어린 사냥꾼이라고 해봅시다. 저는 소를 가리키는 손가락을 움직여서, 소가 도망갈 길을 막으려면 여러분이 어디로 가야 하는지를 보여줍니다. 여러분이 조심스럽게 천천히 걸어가야 한다는 사실을 일깨워주려고 행동을 흉내 내서 직접 보여줍니다. 그리고 얼른 행동에 착수하라며 식식댑니다. 제가 날카롭게 식식대는 소리에다 손을 흔드는 행동까지 더해 서두르라는 뜻을 전달합니다.

● 이 아기의 우선순위에 박수를 보냅니다.

제가 의사소통하고 가르치는 데 능할수록 여러분은 제 뜻을 더 잘 이해할 것이고, 우리가 오늘 저녁에 소를 마음껏 먹을 가능성이 더욱 높아질 겁니다. 그리고 앞으로 잘 먹고 다닐 확률도 역시나 높아지겠죠. 우리 둘 다 살아남아서 유전자를 전해줄 가능성이 큽니다. 그렇지만 별로 잘 가르치지 못하고 잘 배우지 못하는 이들이라면…… 저녁 식사로 소고기는 먹을 수 없을 겁니다. 어쩌면 후손도 남길 수 없을 테고요.

가르치는 행동과 언어는 나란히 발맞춰 진화했을 가능성이 큽니다. 목구멍에 있는 부드러운 조직은 화석으로 남지 않으니 에렉투스의 말하기 능력을 확실히 알 수는 없습니다만, 나리오코토메 소년의 뼈에서 얻은 작은 단서들에 따르면 나리오코토메 소년의 목구멍은 우리와 똑같지 않았습니다. 아마도 우리가 내는 소리들을 전부 다 낼 수는 없었을 것입니다. 그렇지만 커다란 호모 에렉투스의 뇌를 가지고 있던 점을 염두에 둔다면, 나리오코토메 소년은 소리와 몸짓을 조합해 의미를 전달했을 것이라고 합리적으로 추측해볼 수 있습니다(언어에 관해서는 6단계에서 더 살펴보겠습니다).

지금쯤이면 나리오코토메 소년 같은 호모 에렉투스는 제법 우리와 비슷했다는 것이 명확해졌으면 좋겠네요. 에렉투스는 우리 같은 몸을 지니고 있었고, 이들의 뇌 크기는 우리의 뇌 크기에 가까워지고 있었습니다. 에렉투스는 여러 세대에 걸쳐 1만4000킬로미터 넘게 아시아를 가로지르며 이주하면서 자신들이 똑똑하고 적응력이 좋다는 사실을 증명했습니다. 이들은 생존법을 상당히 잘 알고 있었으며, 아마도 의사소통 능력도 충분해서 가르치는 행동을 활용해 지식을 나눴을 것입니다.

이들의 정서적인 생활은 어땠을까요? 에렉투스는 서로를 챙겨주었을까요?

공감을 하려면 상상력이 필요합니다. 여러분이 다른 누군가의 시각으로 세상을 바라보지 않는 한, 공감도 불가능합니다. 우리는 스케이트보드를 타던 사람이 넘어지는 영상을 볼 때면 움찔하고는 합니다. 콘크리트 바닥에 부딪힐 때 느끼는 통증을 떠올릴 수 있기 때문입니다.●

이런 능력을 '마음 이론'이라고 부르는데, 그 덕분에 우리는 다른 이들이 어떻게 생각하고 느끼고 행동할지를 예측할 수 있습니다. 우리는 그런 능력을 좋은 일에도, 또 나쁜 일에도 쓸 수 있습니다.

마음 이론 능력을 지닌 건 인간만이 아닙니다. 큰까마귀는 나중에 먹으려고 음식을 숨겨두는 경우가 많습니다. 만약에 음식을 숨기는 모습을 다른 큰까마귀가 지켜보고 있다는 사실을 알아차리면, 그렇게 염탐하던 큰까마귀의 시야에서 벗어나자마자 음식을 숨기는 장소를 바꿉니다. 지켜보는 동안에는 바꾸지 않고요. 침팬지는 서열이 더 높은 침팬지가 다른 곳을 쳐다볼 때까지 기다렸다가 숨겨둔 간식을 끄집어내는 속임수를 씁니다.

공격적이기로 유명한 수컷 침팬지들 역시 공감의 귀재입니다. 수컷들은 때로 어미를 잃은 어린 침팬지를 입양합니다. 양아버지가 된 침팬지는 고아 침팬지에게 고기를 나눠주고, 자기 등에 올라탈 수 있게 해주고, 어린 침팬지를 보호해줍니다. 어쩌면 자신과 유전자를 공유하는 가까운 친척 침팬지에게 하는 행동일 거라고 여러분은 예상할지도 모릅니다. 그렇지만 이렇게 입양하는 행동은 양아버지 침팬지와 고아 침팬지 사이에 직접적인 관계가 전혀 없을 때에도 일어납니다.

● 뭐, 그래요. 여러분 가운데는 웃음을 터뜨리는 사람도 있을 겁니다. 그런데 유머도 진화적으로 깊게 뿌리를 내리고 있는 행동일 겁니다. 침팬지들도 웃음을 터뜨립니다. 이는 우리와 침팬지의 공통 조상도 웃었을 것이라는 사실을 보여줍니다. 다시 말해, 누가 바나나 껍질을 밟고 넘어지면 웃기다고 생각한 지도 벌써 700만 년이 되었다는 뜻입니다.

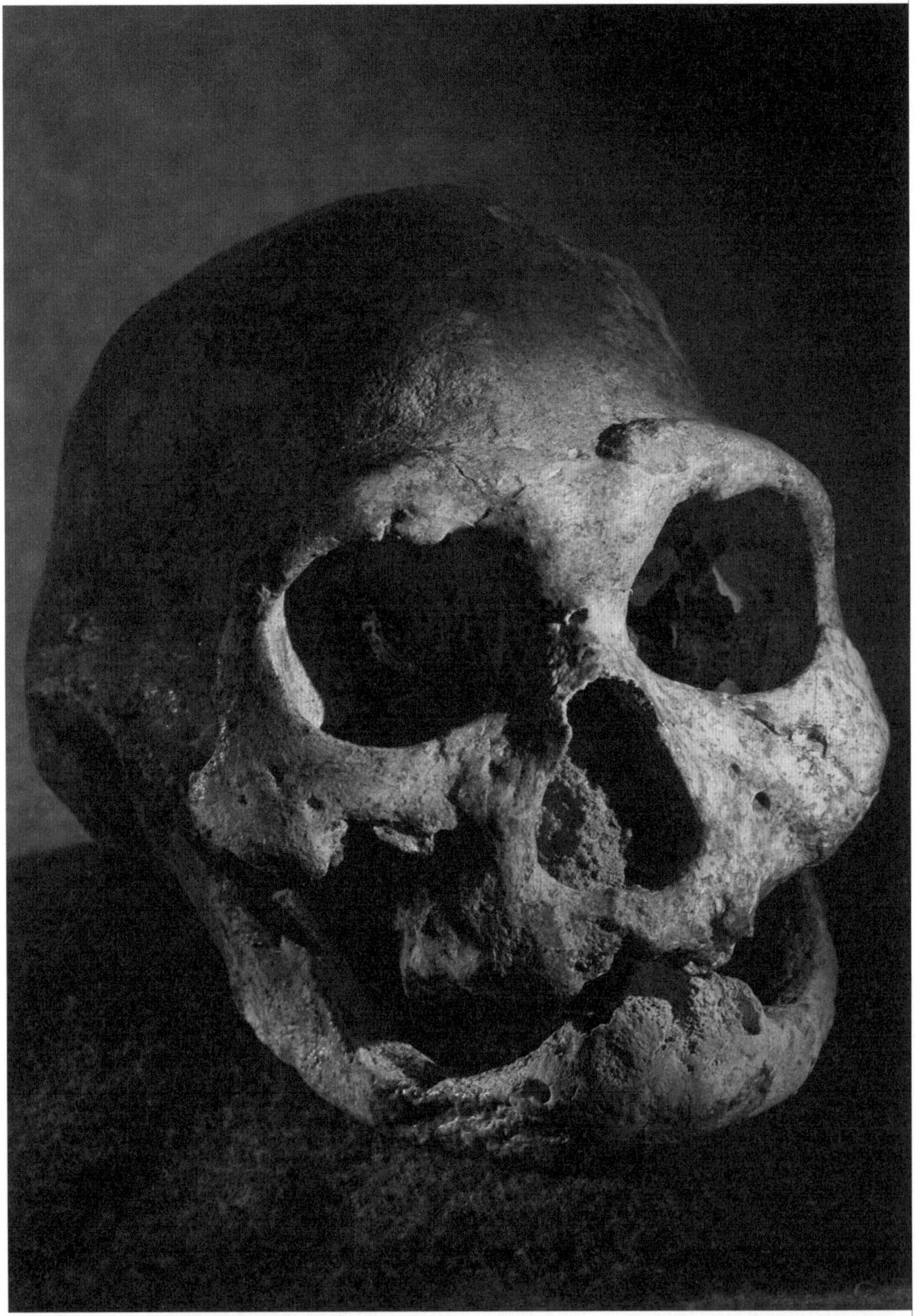

조지아(동유럽)에서 발견된 나이 든 호모 에렉투스의 두개골

동유럽에서 발견된 180만 년 전의 호모 에렉투스 화석 몇 개는 우리 조상들이 다른 이들에게 동정심을 품는 능력이 있었다는 단서를 줍니다. 이 호모 에렉투스 무리는 초원, 삼림지대, 강이 흐르는 계곡이 뒤섞인 서식지에 살았습니다. 목이 짧은 기린, 거대한 타조, 코끼리, 코뿔소가 살던 오래전에 사라진 세상이었습니다. 이 호모 에렉투스 무리는 아마도 이따금씩 이미 죽어 있는 큰 시체에서 먹을거리를 구했을 겁니다. 대체로는 사슴, 영양, 염소, 양, 야생 소 같은 중간 크기의 동물들을 사냥하며 근근이 먹고 살았을 겁니다. 이들의 삶은 녹록하지 않았을 겁니다. 늑대, 하이에나, 거대한 치타, 검치호랑이와 경쟁해야 했을 겁니다(그리고 경계도 해야 했겠죠).

화석이 발견된 자리에서 나온 어느 두개골 하나는 이가 다 빠지고 하나만 남은 나이 많은 남성 에렉투스의 것이었습니다. 치조가 턱뼈 안으로 다시 흡수된 모양새를 보아하니, 이 남성은 최소한 죽기 직전 몇 년 동안은 이가 전혀 없는 채로 생활했을 것입니다. 사냥을 하거나 사냥감을 지킬 만큼 몸집이 좋은 에렉투스도 아니었습니다. 이 남성은 어떻게 살아갔을까요?

이 할아버지가 날것의 사슴고기를 씹을 수는 없었을 겁니다. 돌로 만든 도구로 고기를 으깨고, 산딸기 종류나 생 골수처럼 부드러운 음식을 먹는다면 도움이 되었을 겁니다. 그렇지만 가장 그럴싸한 시나리오는 바로 이 남성과 가까운 다른 에렉투스가 음식을 진득하게 대신 씹어주었으리라는 것입니다. 아마도 매일 그렇게 했겠죠. 어쩌면 끼니때마다 그랬을 것입니다. 이들은 자기 입에서 음식을 꺼내어 나이 든 에렉투스에게 조금씩 조금씩 먹였을 겁니다. 이 에렉투스가 살아 있을 수 있게 말입니다.

요즘에는 자선 활동을 하지요. 핼러윈을 맞아 유니세프 모금을 한다든가, 컵케이크를 만들어서 판 돈을 기부한다든가, 여러분이 안 입는 옷을 기증하는 것은 너그러운 행동입니다. 어쩌면 이런 180만 년 전의 친절함이 그 모든 자선 활동의 조상일지도 모릅니다.

바비큐를 발명하다

5단계

불을 사용하고 통제하는 것은 우리 조상들에게 중요한 지점이었다

번개가 사바나에 내리칩니다. 일순간 모든 것이 하얀 빛을 받아 새하얘집니다. 천둥소리가 우르릉거리며 대기가 뒤흔들립니다. 폭풍이 남쪽으로 향하는 가운데 먹구름이 하늘을 뒤덮습니다.

번개가 조그만 불씨를 남깁니다. 불씨가 메마른 풀줄기에 달라붙습니다. 두 줄기, 세 줄기. 이제 한 무더기로 번집니다. 불씨는 불꽃이 되어 들쑥날쑥한 원을 그립니다. 불꽃이 퍼져나가며 건기에 바싹 말라 있던 풀과 덤불을 집어삼킵니다. 날아다니는 곤충과 새는 연기와 불꽃을 피해 날갯짓을 하며 공중으로 날아오릅니다. 정신이 나간 쥐가 덤불 속을 뛰어다닙니다. 멀리 떨어진 곳에서는 코뿔소, 코끼리, 사자, 영양, 버팔로 등 덩치가 조금 더 큰 동물들이 재앙의 냄새를 맡습니다. 동물들이 귀를 쫑긋합니다. 움직이기 시작합니다.

지평선에서 피어오르는 연기를 호미닌 무리가 포착합니다. 아이와 갓난아기들을 불러 모으고 돌로 만든 도구를 챙깁니다. 무리는 불꽃보다 앞서 나갈 수 있도록 꾸준히 걸어나갑니다. 몇 시간쯤 뒤, 들불이 메마른 강바닥에 이릅니다. 태울 것이 없으니 불꽃이 사그라듭니다. 연기가 바람에 날려갑니다.

나이 든 호미닌 셋이 발길을 돌립니다. 나머지 무리도 뒤따릅니다. 그리고 강바닥을 건너자 나이 든 호미닌들은 넓게 퍼진 뒤 줄지어 걸으며 검게 탄 잔해를 훑어봅니다. 다른 호미닌들은 나이 많은 이들의 행동을 따라 합니다. 나이 많은 호미닌들은 들불이 얼마나 풍성한 것들을 남겨주는지를 기억합니다. 불에 탄 쥐, 익힌 뱀, 구워진 덩이줄기…… 그리고 보세요! 검게 그을린 가젤도 있습니다. 호미닌들은 시체를 향해 달려듭니다. 돌로 만든 도구로 시체를 썰고, 자르고, 베어냅니다. 먹을거리를 모은 다음, 지표면에 드러난 바위 아래쪽에 몸을 피할 수 있도록 마련한 장소를 향해 출발합니다.

어느 어린 호미닌이 아직 붉은 빛을 내는 나무토막을 발견합니다. 그저 순전한 호기심에 이끌려 나무토막을 가져옵니다. 다른 호미닌들이 풍족한 음식을 나누는 동안, 이 호기심 많은 어린 호미닌은 빛을 내뿜는 나무토막 위에다 반쯤 탄 잔가지를 올려놓습니다. 작은 불씨가 살아납니다. 호미닌은 여기에 정신이 팔려 잔가지를 더 얹습니다.

어른 호미닌들이 하지 말라며 콧방귀를 뀌어도 아랑곳하지 않습니다. 어린 호미닌은 배고픈 반려동물이라도 돌보는 것처럼 불에 땔감을 줍니다. 불씨를 지키는 어린 호미닌 주위로 다른 어린 호미닌들이 감탄하며 모여듭니다. 이들은 불에다 땔감을 더해가면서, 신이 나서 꽥꽥거리며 불티가 피어오르고 불길이 타오르는 모습을 지켜봅니다.

이들보다 나이 많은 호미닌 하나가 가젤 고기를 몇 덩어리 쥐여줍니다. 어떤 고깃덩어리는 들불 덕분에 잘 익었고, 시체 안쪽에서 저며낸 다른 덩어리는 아직 날것입니다. 불씨를 지키던 호미닌은 익힌 고기가 더 맛있고 씹기도 편하다는 걸 깨닫습니다. 흐으으음.

어린 소년 호미닌은 생 가젤 고기를 불꽃에 던져 넣습니다. 불이 쉭쉭거리며 지글거리는 소리가 납니다. 고기가 익었을 때, 또는 최소한 고기가 덜 날것이 되었을 때 소년은 막대기로 고기를 끄집어냅니다. 맨 처음 한 입을 깨물자 혀를 뎁니다. 그렇지만 두 번째 깨물어 먹으니 맛이 좋습니다.

소년은 불에다 잔가지를 몇 개 더 집어넣습니다. 어른 호미닌들이 짜증을 내며 식식대지만, 소년은 모르는 척합니다. 다른 아이들은 떨어져나가 몸을 웅크리고 잠에 빠집니다.

불씨를 지키는 어린 호미닌은 불이 짙은 붉은색을 내뿜으며 작아지는 모습을 지켜봅니다. 소년은 눈썹을 찡그립니다. **만약에…?**

어린 호미닌이 일어섭니다. 소년은 불에다 오줌을 누고 숯이 쉭쉭거리며 툭툭 튀는 모습을 보며 키득거립니다. 축축해진 재만 남게 되자 소년은 자리를 뜨고 나이 많은 호미닌 뒤편에서 몸을 웅크립니다. 어린 호미닌은 깊고 만족스러운 잠에 빠집니다.

이야기가 아마 여러분이 예상한 결말대로 끝나지는 않았을 겁니다. 그렇지만 몇 가지 생각해볼 점이 있습니다.

첫 번째, 저는 불씨를 지키는 어린 '호미닌'이라고 말했습니다. 오스트랄로피테쿠스인지, 하빌리스인지, 에렉투스인지 또는 다른 종인지를 콕 집어 밝히지 않았습니다. 처음으로 불을 사용해서 음식을 익힌 게 어느 조상인지 우리는 모르거든요.

여러 다양한 조상들이 서로 다른 시기에 서로 다른 지역에서 불을 사용했을 수도 있습니다. 그렇지만 이는 어쩌다 가끔 불을 사용하는 것과는 엄연히 다릅니다. 불을 정기적으로 사용하는 건 전혀 다른 문제입니다. 불씨를 지키는 법과 불을 피우는 법을 한 세대에서 다음 세대로 꾸준하게 전하는 것도 또 다른 문제입니다. 혁신이 일어난다고 해도 공유되지 않는다면 별다른 영향을 끼치지 못할 겁니다. 혁신을 공유하지 않으면 다른 이들

들불이 사바나를 태우고 있다.

이 이 혁신을 개선해줄 수도 없습니다. 단순한 올도완 양식 도구를 생각해 보세요. 가장자리가 날카로운 돌을 만드는 기술은 그보다 발전한 아슐리안 주먹도끼를 만드는 바탕이 되었습니다. 첫 번째 기술이 없었더라면 두 번째 기술도 절대로 생겨나지 않았을 겁니다.

호미닌이 제일 처음 불을 사용한 것은 아마도 번개와 관련이 있을 겁니다. 번개가 쳐서 들불이 일어나는 일은 아프리카의 건조하거나 반쯤 건조한 지역에서는 제법 흔합니다. 이런 곳에 살던 호미닌들은 멀리 떨어진 곳에서도 들불을 알아차릴 수 있었을 테고, 불에 탄 잔해에서 먹을거리를 찾다 보면 불을 피하지 못한 동물의 시체가 열에 익은 채 나왔을 것입니다. 아마도 조금만 노력해도 음식을 상당히 많이 구했을 겁니다. 땅을 파면 마치 땅 아래 있는 오븐에서 익힌 것처럼 불에 구워진 덩이줄기가 나왔을 것입니다.

불은 엄청나게 유용합니다. 불로 익히면 섬유질이 부드러워지고, 해로운 기생충이 죽고, 여러 독소가 파괴됩니다. 메뉴도 더욱 늘어납니다. 거친 음식도 씹기 좋게 만들어주기 때문입니다. 그리고 반쯤 썩은 시체나 화학물질로 방어하는 식물처럼 미심쩍은 음식들도 더 안전하게 먹을 수 있도록 해줍니다.

뇌를 작동하는 데 에너지가 많이 든다고 했던 걸 기억하시나요? 뇌 다음으로 여러분 몸에서 에너지를 많이 잡아먹는 것은 바로 소화 활동입니다. 여러분이 음식을 씹고 삼키면 음식은 위장으로 갑니다. 위장에서 음식물은 화학적으로 분해되고, 몸이 쓸 수 있는 형태로 재조립됩니다. 이런 소화 과정에서 에너지를 태웁니다. 익힌 음식은 훨씬 다루기가 쉽습니다. 익힌 음식은 안 익힌 음식보다 씹고 소화하는 데 에너지가 덜 들어갑니다. 만약 여러분이 더 작은 위장과, 더 작은 치아와, 더 힘이 약한 턱뼈로도 살아갈 수 있다면 몸의 에너지를 다른 데 쓸 수 있습니다. 이를테면 큰 뇌를 성장시키고 뇌에다 힘을 보내는 일처럼요.

음식을 익히면 다른 방식으로도 에너지를 절약할 수 있습니다. 어떤 음식은 먼저 익히고 나면 얻어내기가 훨씬 쉽습니다. 캐기 어려운 여러 조개류는 열을 가하면 쉽게 열릴 겁니다. 조리를 하고 나면 덩이줄기도 훨씬 쉽게 껍질을 벗기고 으깰 수 있습니다.

불은 또 다른 방식으로 에너지를 절약해줍니다. 여러분이 추위에 노출되면 몸은 여러분을 따뜻하게 만들어주려고 에너지를 태웁니다. 여러분이 추운 기후에서 살아간다면 모닥불을 피워 포근하게 지내면서 열량을 절약할 수 있습니다.

그리고 불이 피어오르는 곳에선 연기도 생겨납니다. 만약 여러분이 헐

벗고 지내고 털도 거의 없는 호미닌인데 꿀을 좋아한다면(우리 조상들이 즐길 수 있었던, 혈당을 치솟게 해주는 거의 유일한 먹을거리입니다), 연기를 피워 벌을 벌집에서 내쫓는 것으로 벌에 쏘이는 일을 피할 수 있습니다. 연기를 피우면 몸을 물어뜯는 다른 곤충도 물리칠 수 있습니다. 곤충에 덜 물린다는 것은 곧 곤충이 옮기는 질병을 앓을 가능성이 줄어든다는 뜻입니다. 연기는 음식도 저장할 수 있게 해줍니다. 더 오랫동안 보존되는 음식이 있으면 먹을거리가 궁한 시기에도 더 잘 살아남을 수 있고, 사냥꾼과 채집자들이 음식과 쉴 곳을 찾아서 더 넓은 지역을 돌아다닐 수도 있습니다. 그리고 막대기처럼 나무로 만든 도구들은 불에 그을려 연기를 쐬면 더 단단해집니다.

불이 지닌 장점은 여기서 그치지 않습니다. 《정글 북Jungle Book》에서는 모글리라는 깡마른 소년이 불꽃이 붙은 나뭇가지를 시어 칸의 얼굴에 대고 흔들어서, 사람을 죽이는 이 호랑이에게 겁을 주어 복종시킵니다. 이 이야기는 지어낸 것이지만, 바탕에 깔린 아이디어는 사실입니다. 여러분이 사자, 호랑이, 검치호랑이, 표범, 늑대, 하이에나가 사는 세상에 살고 있다면 불이 여러분을 지켜줄 수 있습니다. 특히 여러분이 가장 취약해지는 밤에 말이에요.

우리 조상들은 일단 불을 피우는 법을 숙달하고 난 뒤에는 마음대로 들불을 낼 수 있었을 겁니다. 불을 내면 죽은 동물들은 나중에 모으면 되고, 살아 있는 동물들은 사냥꾼이 있는 쪽으로 몰아갈 수 있었을 겁니다. 몇 달쯤 뒤, 불에 탔던 지역이 복구되면 새로운 풀이 돋아났습니다. 이렇게 어리고 부드러운 풀에 이끌린 초식동물들이 또 한 번 사냥 기회를 주었을 겁니다.

불은 하루를 더 길게 만들어주었습니다. 이는 겨울이 되면 낮이 짧아지는 먼 북쪽 지방에 살던 에렉투스 무리에게는 특히나 중요한 점이었습니다.

그리고 두말할 것 없이 모닥불은 사람들을 불러 모읍니다. 이렇게 모이면 실용적인 점이 있습니다. 작은 불 여러 개를 피우는 것보다는 큰 불 하나에다 음식을 익히는 것이 더 효율적입니다. 그뿐만 아니라 모닥불은 사회적인 기회도 함께 내주었습니다. 학교를 다녀본 적이 있는 사람이라면 누구나 알 텐데요, 어느 집단이나 협동, 경쟁, 갈등이 일어납니다. 심지어는 친구들 사이에서도 말이죠.● 난롯가는 유대감을 형성하고 또 유대감을 시험하는 공간이었습니다. 다툼을 벌이는 공간이자, 일을 해결하는 공간이었죠.

그러니 불을 통제하는 일은 인간이 되어가는 과정에서 중요한 단계였습니다. 그렇지만 불을 다루는 기술의 정확한 기원은 별로 알려져 있지 않습니다.

160만 년 전 동부 아프리카 지역 두 곳에서 호미닌이 최초로 불을 사용한 증거가 나타났습니다. 이 흔적이 호미닌과 관련이 있을 것이라고 과학자들이 생각한 까닭은 자연스럽게 생겨난 불보다는 모닥불이 더 뜨겁게 타오르고, 그래서 주변 바위와 땅에 다른 종류의 흔적을 남기기 때문입니다. 정확히 어떤 호미닌이 불을 피웠는지는 얘기하기가 어렵습니다. 에렉투스가 최초로 불을 사용했을 가능성이 크기는 하지만, 하빌리스일 가능성도 배제할 수는 없습니다. 제아무리 이들이 머지않아 멸종할 운명이라 하더라도, 아직은 하빌리스가 살고 있던 160만 년 전 무렵의 일이니까요.

이리저리 흩어져 있는 다른 증거들도 있습니다. 러시아(동부 유럽)에서 발견된 110만~100만 년 전의 불에 탄 뼈, 남부 아프리카의 두 지역에서 발견된 100만 년 전과 70만 년 전의 불에 탄 뼈, 이스라엘(중동)에서 발견된 70만 년 전의 불에 탄 나무와 씨앗 등입니다. 대충 그쯤의 일이라 볼 수 있죠.

● 어쩌면 **유독** 친구들 사이에서일지도 모릅니다.

그렇다면 호미닌들이 최초로 불을 일상적으로 다루기 시작한 건 언제일까요? 그리고 이 단계는 인간이 진화하는 데 어떤 영향을 끼쳤을까요?

음식을 익혀 먹었다는 가설은 우리의 진화가 불을 통제하는 기술과 어떤 연관을 맺었을지를 흥미롭게 설명합니다. 이 가설에 따르면, 우리 조상들은(에렉투스였을 가능성이 가장 큽니다) 180만 년 전쯤부터 불을 다루기 시작했습니다. 익힌 음식은 우리가 진화하는 방향을 바꾸었습니다. 익힌 음식을 많이 먹게 되면 커다란 위장이나, 튼튼한 치아나, 튼튼한 턱뼈가 필요하지 않기 때문입니다.

침팬지와 고릴라는 자신들이 먹은 식물을 처리하는 데 필요한 커다란 위장을 품을 수 있는 나팔 모양 흉곽을 지니고 있습니다. 또 그 모든 식물들을 우적우적 씹어 먹을 수 있도록 어금니도 크고 턱뼈도 무겁습니다. 그렇지만 에렉투스의 흉곽은 나팔 모양보다는 통 모양에 가까웠습니다. 에렉투스는 위장이 작았습니다. 또 에렉투스는 하빌리스나 오스트랄로피테쿠스와 같은 초기 호미닌에 비해 이도 더 작고 턱뼈 힘도 더 약했습니다. 심지어는 에렉투스의 뇌가 더 컸던 이유도 음식을 익히는 방법을 발명해낸 것으로 설명할 수 있습니다. 조리를 해서 비축한 열량 덕분에 뇌를 성장시키는 데 에너지를 더 쓸 수 있었을 것입니다.

저는 요리 가설을 좋아합니다. 정말 많은 것들을 설명해주거든요. 이 가설이 지닌 문제점은 이것입니다. 이 가설을 뒷받침할 만한 자료가 많지 않다는 것입니다. 만약 불을 다루는 기술이 조상들이 진화하는 데 영향을 끼칠 만큼 널리 퍼져 있었다고 한다면, 이와 관련된 흔적을 더 많이 찾아낼 수 있으리라 예측해볼 수 있습니다. 그렇지만 앞에서 제가 얘기했던 여기저기 흩어져 있는 증거들이 전부입니다.

과학에서는 자료가 전부입니다. 세상에서 가장 명쾌한 가설을 떠올리

암컷 호모 에렉투스가 불꽃을 감싸안는다.

더라도 이를 뒷받침하는 탄탄한 증거가 없다면, 여러분의 가설을 다른 과학자들이 널리 받아들이지는 않을 것입니다. 요리 가설은 "뭐, **그럴 수도 있겠지**" 정도로만 남아 있습니다.

이 시점에서 여러분은 이런 생각이 들지도 모릅니다. "잠시만요. 그렇다면 진화론은 어떻게 되죠? 진화론도 '그저 이론일 뿐'이라면, 대체 왜 자료를 내놓으라고 아우성치는 까다로운 과학자들이 그 이론을 받아들이는 건가요? 요리 가설처럼 '뭐, **그럴 수도 있겠지**'가 아니라 사실로 취급하는 이유는 뭐죠?"

그렇게 질문해주다니 기쁘네요.

일상적인 대화에서는 "한 가지 떠오르는 이론이 있는데"라고 하면 "내가 추측하기로는 이래"라는 의미입니다. 제가 제일 좋아하는 프로그램의 마지막 시즌에서 어떤 일이 일어날 거라고 생각하는 나름의 이유가 있기는 하지만, 그건 어디까지나 추측인 것이죠. 그렇지만 과학에서 '이론'이라고 할 때는 보다 더 공식적인 의미를 띱니다. 이론이란 그 모든 사실, 관측 결과, 자료와 관련하여 충분히 시험을 거치고 널리 받아들여지는 설명입니다. 진화를 뒷받침하는 어마어마한 자료들이 화석에서, 지금 살아 있는 생물을 관찰한 결과에서, 실험실에서 벌인 실험에서, 또 유전자에서 나오고 있습니다. 자연선택을 거쳐 진화를 했다는 이론을 뒷받침하는 증거는 중력에 관한 뉴턴과 아인슈타인의 이론을 뒷받침하는 증거만큼이나 탄탄합니다.

그러면 이제 요리 가설로 다시 돌아가볼까요.

다른 과학자들은 호미닌들이 위가 작아지고, 이가 작아지고, 턱뼈의 힘이 약해지고, 뇌가 커지는 추세를 띤 것을 설명하는 데 음식을 익히는 일이 꼭 필요하지는 않다고 지적했습니다. 도구로 음식을 으깨고 먹잇감의 부드러운 부분(위장, 골수, 뇌)을 많이 먹는 것 역시 씹는 일을 덜고 소화는 쉽게 해주면서도 커다란 뇌에 필요한 양질의 영양분을 공급해주었을 것입니다.

설령 우리 위장이 작아지고, 이가 작아지고, 턱뼈가 약해지고, 뇌가 커지는 게 요리 가설에서 주장하는 것처럼 불 때문이 아니라고 하더라도, 불은 또 다른 방식으로 우리가 진화하는 데에 영향을 끼친 것으로 보입니다.

부싯돌을 쳐서 불을 피우는 모습

모든 현생 인류는 돌연변이 유전자를 지니고 있습니다. 다른 영장류와 비교했을 때 우리 인간에게만 나무에서 피어오르는 연기가 덜 해롭도록 만들어주는 유전자입니다. 우리 조상들이 모닥불 주위에 둘러앉아 있던 환경은 – 조상들이 스스로 만들어낸 환경입니다 – 이렇게 자신을 보호해주는 돌연변이를 지닌 개체들을 선택했습니다. 운이 좋아 이런 돌연변이를 지니고 있던 개체들이 그만큼 운이 좋지는 않았던 다른 개체들을 밀어냈기에, 이 돌연변이 유전자는 멀리 그리고 널리 퍼져나갔습니다. 이제는 유전의 일부가 되었습니다.●

불이 우리 조상들의 생활에 일상적인 부분으로 자리 잡기까지는 확실히 오랜 시간이 걸린 것으로 보입니다. 160만 년 전부터 70만 년 전까지 불

● 그렇다고 해서 이걸 구실 삼아서 나쁜 버릇을 고집하지는 마세요. 연기가 덜 해롭다는 얘기지, 전혀 해롭지 않다는 뜻은 아닙니다.

을 다뤘던 증거가 여기저기 흩어져 있는 것을 보면, 불씨를 지키는 행동은 여러 시간대에 여러 장소에서 일어났지만 정착되지는 않았던 것 같습니다. 이따금씩 불씨가 일어나긴 했지만, 널리 퍼지지는 않았던 것입니다. 마치 살피지 않은 불처럼 사그라들다가 꺼졌던 것이죠.

가장 중요한 혁신조차도 언제나 열렬히 환영을 받은 것은 아닙니다. 그리 오래지 않은 과거에 사람들은 이런 질문을 던지고는 했습니다. "대체 뭐 하러 내가 핸드폰을 갖고 싶어하겠어?"●

우리가 보기에 불의 장점은 명명백백합니다. 그렇지만 음식을 마련하거나 포식동물을 쫓아내는 제 나름의 방법을 이미 터득해두었던 호미닌들은 그리 여기지 않았을 수도 있습니다. 불을 다루는 기술은 숙달하기가 어렵습니다. 마찰을 이용해 불을 피우는 법을 아직 익히지 못했을 경우에는, 불이 꺼지지 않도록 24시간 내내 불을 지켜야 합니다. 그러려면 노력과 협동이 필요했을 것입니다. 바람이나 비나 부주의 때문에 불이 꺼질 위험도 늘 있었습니다. 그리고 여러분이 속한 무리가 이동할 때면 불을 함께 운반하는 방법도 알아내야 했을 겁니다.

그렇지만 몇몇 에렉투스 무리가 모닥불이 지닌 이점을 깨달았다고 쳐 봅시다. 그리고 도구를 만들던 중에 특정한 돌들을(황철석과 부싯돌입니다) 서로 부딪치면 불씨가 튄다는 사실을 이 무리 가운데 몇몇이 알아냈다고 상상해봅시다. 어쩌면 어느 에렉투스는 막대를 손바닥 사이에 두고 빠르게 돌리며 나무토막에 구멍을 뚫던 중에 연기가 피어오르는 걸 보았을지도 모릅니다. 설령 에렉투스 무리 한 곳, 두 곳, 또는 세 곳에서 불을 다루는 법을 알아냈다고 하더라도, 그게 반드시 기술이 널리 퍼졌다는 뜻은 아닙니다.

● 지금도 앱을 다운로드하는 법을 모르는 사람들과 같은 부류의 사람들이죠.

어떤 혁신이 자리 잡는가 그렇지 않은가에는 많은 요소들이 영향을 끼칩니다. 가장 기본이 되는 것은 인구 규모입니다. 혁신을 활용하는 이들이 수가 아주 적다면, 몇 가지 우연한 사건 때문에 중요한 지식을 잃어버릴 수도 있습니다. 불을 다루던 유일한 에렉투스 무리가 질병이나 화산 폭발 때문에 사라졌다면, 이들이 지니고 있던 지식도 이들과 함께 죽었을 것입니다.

또는 어쩌면 불을 아주 잘 아는 호미닌들이 외딴 계곡에 살았을 수도 있습니다. 이들이 일궈낸 혁신은 주위를 둘러싼 산들의 능선 너머로 나간 적이 없었을지도 모릅니다. 또는 이들이 자신들의 지식을 이웃 무리와 나누었을 수도 있지만, 그 이웃들이 너무 아둔해서 불의 장점을 이해하지 못했을지도 모릅니다. 그리고 다음 세대에 지식을 전달하는 것도 문제입니다. 불을 피우는 데는 세세한 정보가 많이 필요합니다. 만약 불씨를 지키던 무리의 구성원들이 가르치는 일에 썩 뛰어나지 못했고, 이들의 자손이 배우는 일에 별 재주가 없었다면, 다른 집단으로 퍼질 만큼 오랫동안 그 기술을 지켜낼 희망은 별로 없었을 것입니다.

다행히 우리 조상들 중 몇몇이 깨달음을 얻었습니다. 수없이 좌절하고 또 손가락을 수없이 데어가며 여기저기서 좌충우돌을 겪는 모습을 상상해 볼 수 있을 겁니다. 불을 꾸준히 사용했다고 알려진 최초의 호미닌은 새로운 종이었습니다. 호모 하이델베르겐시스입니다. 이 하이델베르크인은 말하자면 우리의 '부모' 격인 종입니다. 과학자들은 우리가 이들의 직계 후손일 거라고 생각합니다.

다시 한번 얘기하지만, 우리의 고향인 아프리카는 가장 똑똑한 개체만을 선택해낸 혹독한 환경이었습니다. 물론 한 세대에서 다음 세대로 넘어갈 때는 눈치 챌 수 없었을 겁니다. 여러분이 부모님을 닮아 있듯, 모든 개체들이 자신의 부모와 비슷해 보였을 테니까요. 그렇지만 작은 차이들이 쌓이고 또 쌓였습니다. 70만 년 전 무렵, 아프리카에 살던 에렉투스들이 하이델베르크인으로 진화했습니다. 두개골 크기를 바탕으로 보자면 하이델베르크인은 에렉투스보다 뇌가 컸습니다(에렉투스가 1000mL였던 데 비해, 하이델베르크인은 1200mL였습니다). 그리고, 맞습니다. 드디어! 이 시점에 이르러 우리 조상들은 확실히 돌고래보다 똑똑해졌습니다.

하이델베르크인이 진화한 뒤, 아프리카에 살던 에렉투스들은 사라졌습니다. 그렇지만 아시아에는 몇몇 에렉투스들이 살아남아 있었습니다. 하이델베르크인이 등장할 무렵(70만 년 전 무렵), 오스트랄로피테쿠스와 호모 하빌리스는 모두 오래전에 사라진 상태였습니다. 이들의 화석과 돌로 만든 도구만이 남아 층층이 쌓인 재와 먼지 아래에 묻혀, 현대의 과학자들이 발굴해주기를 기다리고 있었습니다.

호모과의 가장 새로운 구성원인 하이델베르크인은 아프리카, 중동, 아시아, 유럽 등으로 퍼져나가며 북쪽으로는 영국까지 진출했습니다(이 당시에는 해수면이 낮아서 유럽 본토에서 영국까지 걸어갈 수 있었습니다). 하이델베르크인은 불을 다루는 기술 덕분에 사냥감이 풍부하지만 추운 유럽 환경에서도 살아남을 수 있었습니다. 40만 년 전 무렵 하이델베르크인은 화덕을 일상적으로 사용했습니다. 그렇게나 단순한 출발점에서 훗날 언젠가 수많은 발전들이 흘러나올 터였습니다. 그릇을 이용한 요리, 불에 구운 도자기, 제철, 그리고 스모어◆도요.

40만 년 전에 독일에 살고 있던 하이델베르크인 무리 하나를 상상해봅시다. 당시 독일은 뻐꾸기 시계와 육즙 가득한 소시지로 유명한 곳이 아니었습니다. 이때의 독일은 매머드, 코끼리, 털로 뒤덮인 코뿔소, 야생마, 야생

◆ 모닥불에 마시멜로를 구워 만들어 먹는 간단한 디저트.

80만~30만 년 전에 모리타니(서부 아프리카)에서 하이델베르크인이 만든 커다란 칼. 동그란 자국이 두 개 나 있어 남다른 모양새를 보여준다. 고양이일까? 악어일까? 이 물건을 모닥불 주위에서 주고받고, 이야기 소재로 삼고, 칭송했을까?

소, 들소, 동굴 사자, 거대한 하이에나, 동굴 곰이 살던 땅이었습니다.

저녁이 찾아옵니다. 우리의 하이델베르크인 무리는 모닥불 주위에 둘러앉아 휴식을 취합니다. 밤에 사냥을 나서는 포식동물들이 이 불꽃을 보면 사냥을 단념한다는 사실을 알고 있습니다. 하이델베르크인은 현생 인류보다 체격이 더 건장했습니다. 이렇게 말하고 싶지는 않지만, 굴곡진 이마와 눈 위로 뼈가 두텁게 돌출된 모습 덕분에 전형적인 '동굴에 사는 혈거인' 같은 모습이었습니다. 그렇지만 이들이 모닥불 주변에 다정하게 모여 있다는 것을 여러분은 단박에 알아볼 수 있었을 겁니다.

시간이 늦어집니다. 마지막 남은 말고기 덩어리도 나누어 먹었고, 손가락에 마지막으로 남아 있던 기름 자국도 싹싹 핥아 먹었습니다. 내일 아침 식사로 먹으려고 막대기에 끼운 설치류 몇 마리를 숯불 위에다 걸쳐두었습니다. 어른 하이델베르크인들은 졸려하는 어린아이들을 품에 안고 달랩니다. 조금 더 나이 많은 어린아이들은 강아지처럼 한데 포개어 있습니다.

모닥불이 타오르고 그 주변으로 그림자가 춤을 추는 가운데 하이델베르크인들이 무엇을 했을지, 이만하면 우리는 거의 알아맞힐 수 있을 만큼 가까이 온 것 같습니다. 우리가 하는 행동과 똑같으니까요.

이 하이델베르크인들은 서로 얘기를 나누었겠죠.

6단계

말하기 시작하다

(그 뒤로 결코 입을 다물지 않다)

수컷 호모 하이델베르겐시스

우리 인간들이 무언가를 잘한다고 하면, **정말로** 잘하는 겁니다. 뉴칼레도니아까마귀들은 막대기로 도구를 만듭니다. 우리는 현수교를 만듭니다. 미어캣들은 전갈 다루는 법을 아이들에게 가르칩니다. 우리는 대수학 다루는 법을 아이들에게 가르칩니다. 아프리카들개는 서로 협동해서 영양을 잡습니다. 우리는 서로 협동해서 인공위성을 궤도에 올립니다.

언어도 마찬가지입니다. 야생 침팬지, 보노보, 고릴라는 간단한 몸짓과 소리를 사용합니다. 인간에게 잡힌 대형 영장류에게 수화를 가르치자, 대부분은 200~300단어쯤 되는 어휘를 써서 (기껏해야) 두세 단어로 이뤄진 단순한 구문을 만들었습니다.

걸음마를 떼는 인간의 아기는 야생 침팬지, 보노보, 고릴라와 똑같은 몸짓을 많이 사용합니다. 그렇지만 이 아이가 고등학생이 될 즈음이면, 이 아이는 6만 개쯤 되는 단어를 알게 됩니다. 그리고 박식한 성인이라면 15만 개쯤 되는 단어를 익숙하게 사용합니다.

우리 인간들은 무엇을 생각해내든 서로 소통할 수 있습니다. 수많은 어휘들을 규칙(문법)에 따라 조합해서 소통합니다. 문법 덕분에 우리는 말을 다루어 무한히 다양한 의미를 만들어낼 수 있습니다. 문법 덕분에 우리는 무언가가 언제, 어디서, 왜, 어떻게, 또 누구에게 일어나고 있는지…… 일어났는지…… 아니면 일어날 것인지를 아주 구체적으로 표현할 수 있습니다. 그리고 인간의 언어는 단순한 발화 이상이라는 것을 잊어서는 안 됩니다. 언어는 몸짓(수화)이나 상징(글)을 통해서도 표현할 수 있습니다.

우리의 특별한 언어 능력은 분명 어떤 이유가 있어서 진화했을 것입니다. 언어는 우리 조상들에게 어떤 장점을 안겨주었을까요? 언어는 조상들의 생존과 번식을 어떻게 도와주었을까요?

장점 1. 가르치고 배우기

만약 여러분이 중요한 기술을 자식에게 전해주려 한다면, 언어를 사용하는 편이 빠르고 쉽습니다. 언어는 특히나 불을 피우는 기술처럼 복잡하고 여러 단계로 이뤄진 기술을 전달할 때 유용합니다.

장점 2. 계획하고 협동하기

언어는 협동을 돕습니다. 서로 협동하는 식량 채집자들은 언어를 사용해서 사냥에 나서거나 음식을 구하러 여정을 떠날 계획을 세울 수 있습니다. 그리고 이런 계획을 다른 이들과 공유할 수도 있습니다. 계획은 그 자체로 매우 지적인 능력입니다. 계획을 세우려면 시간을 여행하는 능력이 필요하기 때문입니다. 시간 여행은 SF 영화에 나오는 이야기가 아닙니다. 시간 여행은 우리가 과거나 미래를 떠올릴 때면 언제든 머릿속에서 벌어지는 일입니다.

장점 3. 수다 떨기

언어는 우리의 사회생활도 더욱 낫게 만들었습니다. 우리는 살아남으려면

보노보 무리가 서로의 털을 손질해주고 있다.

타인과 협동을 해야 하는, 무리지어 생활하는 동물입니다. 사회적으로 우리에게 도움을 줄 수 있는 능력이라면 무엇이든지 간에 사회적 환경이 선택할 가능성이 큽니다. 언어는 이와 진드기를 떼어주는 행동 대신에 활용할 수 있는 엄청 멋진 수단이라고 생각하면 됩니다.

그래요, 제대로 들으신 게 맞습니다.

영장류들은 서로의 털에서 기생충을 골라내는 데 많은 시간을 쏟습니다. 침팬지, 보노보, 또는 고릴라가 다른 개체의 털을 손질해준다는 것은, 이런 말을 건네는 것과 같습니다. "나는 네가 좋아. 너도 나를 좋아했으면 좋겠어." 과학자들은 인간이 언어를 일종의 '언어적 털 고르기'처럼 사용한다

고 생각합니다. 가장 가까운 이들을 말로 어루만지는 것이죠.●

어떤 보노보들이 서로 가장 끈끈한 유대를 맺고 있는지 알아내고 싶나요? 보노보들이 서로의 이와 진드기를 잡아주는 데 쓰는 시간을 측정해보세요. 어떤 인간들이 서로 가장 끈끈한 유대를 맺고 있는지 알아내고 싶나요? 이들이 서로 이야기를 나누는 데(또는 문자를 주고받거나, 이메일을 주고받거나, 수화를 하는 데) 시간을 얼마나 많이 할애하는지를 측정해보세요. 그렇지만 보노보들은 한 번에 한 친구의 이만 잡아줄 수 있습니다. 우리는 언어를 사용해서 친구 무리 전체와 한 번에 수다를 떨 수 있습니다.

하이델베르크인은 아마도 현생 인류의 언어와 비슷한 무언가를 지니고 있던 최초의 호미닌이었을 겁니다. 우리는 이들이 언어를 처리하는 데 필요한 힘을 가지고 있었다는 걸 알고 있습니다. 이들의 뇌는 거의 우리의 뇌만큼 컸으니까요. 그리고 아슐리안 주먹도끼 덕분에, 이들의 뇌가 이미 '잘 단련되어 있었다'는 사실을 알 수 있습니다. 다시 말해, 근육을 섬세하게 통제할 수 있었다는 의미입니다.

근육을 섬세하게 통제하는 일이 언어와 무슨 상관인지 궁금하시다면, '시'라고 발음한 다음 '키'라고 발음해보세요. 혀를 어떻게 미세하게 조정하는가에 따라 차이가 생겨납니다. 다른 대형 유인원들은 이런 식으로 근육을 정확하게 조절하지 못합니다.●● 다행히 오스트랄로피테쿠스, 호모 하빌

● 그렇지만 60만 년 전의 개인위생 상태를 생각해본다면, 우리는 아마 다정하게 이를 골라주는 시간도 좋아했을 겁니다.

●● 대형 유인원들이 발성을 조절하기는 합니다. 이 사실을 증명하고자 과학자들은 사람이 잡은 오랑우탄들에게 카주를 연주하는 법을 가르쳤습니다. 진짜로…… 유인원 카주 오케스트라를 만들었죠. 제발 이 오랑우탄들과 투어 공연을 열어주세요!

약 50만 년 전, 남아프리카의 카투판에서 하이델베르크인들은 철석 조각을 비범한 아름다움과 대칭을 지닌 주먹도끼로 만들었다.

리스, 에렉투스, 하이델베르크인이 오랫동안 도구를 만들어온 유산 덕분에 우리 조상들은 손가락을 민첩하게 움직이고, 손으로 무언가를 꽉 붙들고, 눈과 귀가 훌륭하게 협동하는 데 필요한 뇌 회로가 이미 진화된 상태였습니다. 섬세한 언어를 사용하려면 입술, 혀, 목구멍 사이에서 이와 비슷하게 정확한 협동이 이뤄져야 합니다.

진화는 정말 엄청난 '집순이'입니다. 진화는 손에 닿는 곳 어디에든 뿌리를 내립니다. 만약 기존에 뇌에 있던 배선 장치가 도구를 만드는 데 쓸모가 있다면, 그걸 그대로 소리를 내는 데에도 쓰는 것이죠. 심금을 울리는 진화의 좌우명을 기억하시나요? **그래, 이만하면 괜찮지** 말입니다.

하이델베르크인의 커다란 뇌가 발전하는 데는 시간이 필요했습니다. 여러분도 기억하실지 모르겠지만, 어린 호모 에렉투스는 현생 인류보다 두 배는 빠르게 발달했습니다. 그러니 8~9세쯤 된 나리오코토메 소년은 이미 청소년기에 접어들었던 것이지요. 그렇지만 하이델베르크인이 살던 시절, 성장률은 느려지고 있었고 점점 더 인간과 비슷한 수준이 되어갔습니다.

진화라는 관점에서 보면 느리게 성장하는 건 위험 부담이 커지는 일입니다. 번식을 할 기회를 얻기도 전에 굶어 죽을지도 모르고, 병이 들어 죽을지도 모르고, 들소가 뿔로 들이받을지도 모르고, 절벽에서 떨어질지도 모릅니다. 반면 커다란 뇌를 성장시켜 그 안에 환경에 관한 지식, 사회적 기교, 언어, 기술을 집어넣는 걸 바탕으로 삼아 생존하는 것이라면 뇌가 최대한으로 힘을 발휘할 때까지 시간이 필요할 겁니다. 지능이 높은 동물은 놀아야 합니다. 연습을 해야 하죠. 천천히 발달하는 뇌가 생존하는 데에 유리했기에, 얼마든지 위험을 부담할 만도 했습니다.

더 커진 하이델베르크인의 뇌는 출산도 바꾸어놓았습니다. 갓 태어난 새끼 침팬지의 머리는 아주 작아서 어미 침팬지의 골반에 수월하게 맞습니

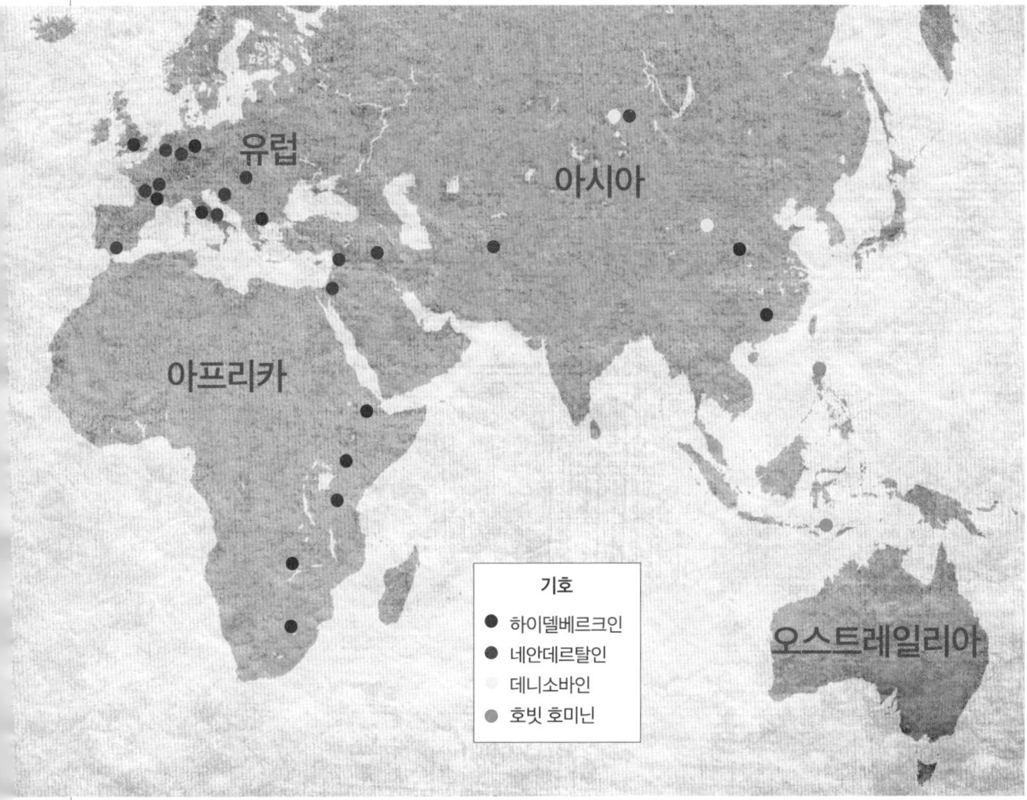

호모 하이델베르겐시스(하이델베르크인), 호모 네안데르탈렌시스(네안데르탈인), 데니소바인, 호모 프롤레시엔시스(플로레스 섬 호빗). 호모 루조넨시스(루손 섬 호빗)의 화석이 발견된 주요 지점. 명확히 알아볼 수 있도록 현재의 해안선을 그려두었다.

다. 아기 침팬지는 골반을 지나 미끄러져 나오고, 어미 침팬지는 새끼를 재빨리 끌어안습니다. 별다른 소란이 벌어지지는 않습니다. 뇌와 몸의 비율이 침팬지와 비슷했던 오스트랄로피테쿠스도 아마 비교적 쉽게 새끼를 낳았을 것입니다. 호모 하빌리스는 뇌가 조금 더 컸기에 아마 새끼를 낳기가 약간 더 힘들었을 겁니다. 호모 에렉투스부터는 새끼를 낳는 일이 불편해지기 시작했습니다.

하이델베르크인이 살던 무렵, 호미닌의 뇌는 신생아의 머리가 어미의 골반에 겨우 딱 들어맞을 정도로 커졌습니다. 오늘날도 마찬가지입니다. 영화에서 여성들이 아이를 낳을 때 왜 고통에 겨워 신음하는지 아시겠죠? 그 여성들이 겁쟁이여서 그런 게 아닙니다. 인간이 탄생하는 과정은 이례적일 정도로 어렵습니다. 다른 어떤 포유류가 출산하는 것보다 어렵지요. 효율적으로 똑바로 서서 걷는 일을 희생하지 않는 한 암컷의 골반을 더 넓힐 수는 없었기에, 여러 세대를 거쳐 자연선택을 하며 몇 가지 유용한 적응을 일궈냈습니다. 인간의 경우(그리고 하이델베르크인도 마찬가지였을 가능성이 큽니다), 임신한 여성의 관절이 부드러워지며 출산을 앞두고 넓어집니다. 이 덕분에 아기 머리가 지나갈 공간이 아주 조금은 더 생깁니다. 정상적인 출산 과정에서는 아기의 몸도 반쯤 돌아가서, 머리가 골반 틈에 조금 더 딱 맞게 됩니다. 그리고 신생아의 두개골은 부드러운 판으로 이뤄져 있습니다. 이 판은 아기가 태어날 때 눌리거나 심지어 서로 겹쳐져도 괜찮도록 만들어진 것입니다. 두개골은 나중에 가서야 딱딱해집니다.

괴물처럼 커다란 머리에 맞춰 적응하며 진화했음에도 인간의 신생아는 여전히 설익은(말하자면 그렇다는 겁니다) 상태로 태어납니다. 다른 포유류와 비교할 때 탄생 시점에 인간의 뇌는 훨씬 덜 발달된 상태입니다. 인간은 18개월은 지나야 갓 태어난 침팬지와 비슷한 수준으로 돌아다니거나 어미에게 매달릴 수 있습니다. 발달 초기에 자궁을 나서는 덕분에 인간의 아기는 출생 **전에** 가능한 한 가장 큰 뇌를 가질 수 있고, 또한 출생 **후에도** 발달할 기회를 손에 넣습니다.

그 대신 신생아가 무력하다는 점을 감수해야 합니다. 인간의 아기는 오랜 기간 많이 돌봐주어야 합니다. 이렇게 집중적으로 도움을 주는 일은 무리를 이루어 살고, 대단히 사회적이며, 아주 협동을 잘하는 종 안에서만 가능합니다. 아이를 기르려면 정말로 마을 하나가 (또는 이 경우에는 호미닌 집단 하나가) 필요한 것이죠.

50만 년쯤 지나 불을 피울 줄 아는 강인한 하이델베르크인들이 아프리카·유럽·아시아로 퍼져나갔고, 이들이 사는 다양한 환경은 서로 다른 형질을 선택합니다. 유럽에 살던 하이델베르크인 무리는 호모 네안데르탈렌시스(네안데르탈인)로 진화했습니다. 이 네안데르탈인들은 나중에 중동으로 퍼졌습니다. 그리고 이 가운데 일부는 마침내 시베리아(북부 아시아)까지 이르렀습니다. 아시아에 있던 하이델베르크인은 다른 호미닌으로 진화했습니다. 바로 데니소바인입니다. 아프리카에 있던 하이델베르크인은 바로 우리로 진화했습니다. 호모 사피엔스죠(우리에 관한 이야기는 7번째 단계에서 더 읽게 될 겁니다). 말하자면 하이델베르크인이 우리의 '부모' 종인 셈입니다. 네안데르탈인과 데니소바인은 '형제' 종이고요.

데니소바인의 뼈는 몇 개만 발견되었습니다. 이 종의 상당 부분은 미스터리로 남아 있습니다. 그렇지만 네안데르탈인 이야기는 대부분 들어보았을 것입니다. 이 이름은 네안데르탈인의 흔적이 처음으로 발견된 독일의 계곡 이름을 따서 지었습니다.

네안데르탈인은 억울하게 나쁜 평가를 받아왔습니다. 오랫동안 이들은 아주 낮은 IQ에다 관절 부위를 질질 끌며 동굴에서 생활하는 이들로 그려지고는 했습니다. 그렇지만 실상은 전혀 다릅니다. 인간에게 고유하다고 여겨지는 모든 것들의 시작점을 네안데르탈인의 모습에서 엿볼 수 있습니다. 네안데르탈인은 바로 우리였습니다. 단지 힘이 더 셌다는 점만 다를 뿐입니다.

환경이 시험하고 환경이 선택합니다. 유럽의 환경은 추운 기후에서 생존할 수 있도록 도와주는 자질들을 선택했습니다. 네안데르탈인의 몸은 하이델베르크인의 몸보다 다부졌습니다. 체구가 큰 쪽이 체온을 유지하는 데

수컷 호모 네안데르탈렌시스(네안데르탈인)

도움이 되었기 때문입니다. 네안데르탈인의 피부는 아마도 더 얇아서, 먼 북쪽 지방의 빈약한 햇빛으로도 비타민D를 흡수하기가 더 수월했을 겁니다. 코는 더 커지고 살이 많이 붙어, 차가운 공기가 폐까지 흘러들어가기 전에 따뜻하게 데워주었습니다. 또 네안데르탈인은 무척 근육질이기도 했습니다. 털이 뒤덮인 코뿔소에게 가까운 거리에서 창을 찌르는 일을 생업으로 하여 살아간다면, 제대로 된 힘과 협동심을 갖추는 편이 좋았을 테니까요. 만약 네안데르탈인이 올림픽에 나갔다면 본때를 보여주었을 겁니다.

네안데르탈인은 두뇌와 체력 모두를 겸비하고 있었습니다. 현생 인류의 뇌가 이제껏 호미닌들이 지녔던 뇌 가운데 가장 클 것이라고 여러분은 짐작할지도 모릅니다. 그렇지 않습니다. 우리 뇌는 평균 1350mL입니다. 선사시대 인류(1만 년 전)와 네안데르탈인 모두 뇌의 용적이 평균 1400mL를 넘었습니다.●

네안데르탈인은 우리와 같은 언어 능력을 지니고 있었을까요? 글쎄요, 아마 네안데르탈인에게는 과거완료 분사 췌장 동사 형태는 없었을 겁니다.●● 그렇지만 네안데르탈인은 어느 정도 수준으로 말을 했을 가능성이 큽니다. 이쯤에서 FOXP2 이야기를 짚고 넘어가야 합니다.

FOXP2는 새로 나온 비디오 게임 이름이 아닙니다. 이는 언어 능력과 연관된 유전자입니다. 과학자들은 FOXP2의 기능을 완전히 알지는 못합니다. 그렇지만 FOXP2 유전자에 결함이 있는 채로 태어난 사람들은 문장을 완성하는 걸 어려워합니다. 마치 언어 앱을 완전히 다운로드하지 않은 상태와 비슷합니다. 침팬지들도 FOXP2 유전자가 있지만, 침팬지가 지닌

● 어이쿠야.

●● 사실 이런 건 인간에게도 없습니다. 제가 그냥 만들어낸 거예요.

버전은 인간의 버전과는 다릅니다. 진화가 이루어지던 도중 어느 시점, 아마도 하이델베르크인이 살던 무렵에 본래 우리가 가지고 있던 침팬지와 비슷한 FOXP2 유전자가 중요한 돌연변이 두 가지를 일으켜서 우리 뇌가 언어를 처리할 수 있게 되었을 겁니다.

아마 기억하실 테지만, 돌연변이는 번식 과정에서 유전자가 개편되고 다시 복제되면서 나타납니다. 돌연변이는 복제할 때 실수가 벌어진 것입니다. 대부분의 유전적 돌연변이는 별다른 차이를 만들어내지 않지만, 어쩌다 가끔씩은 돌연변이 때문에 차이가 생겨나고는 합니다. 만약 그 돌연변이가 생물의 생존 확률을 떨어뜨릴 경우, 이 생물은 아마도 일찍 죽어서 이런 해로운 돌연변이가 후대에 전달되지 않을 겁니다. 그렇지만 도움이 되는 돌연변이라면, 이 생물은 살아남아서 번식할 가능성이 높습니다. 이 돌연변이가 도움이 될수록 집단 내에서 더 빠르게 퍼져나갑니다.

뼈에서 얻은 DNA를 유전적으로 분석한 결과에 따르면, 네안데르탈인들은 우리와 똑같은 FOXP2 유전자를 가지고 있었습니다. 또 네안데르탈인들은 우리와 비슷한 설골을 지니고 있었습니다. 설골이란 인대와 근육을 연결해주는 우리 목구멍에 있는 가늘고 휘어진 뼈입니다. 인간과 비슷한 설골을 지니고 있었다는 것은 곧 어느 정도 인간과 비슷하게 소리를 통제할 수 있었다는 뜻입니다.

복잡한 인간의 언어를 구사하려면 귀도 특별해야 합니다. 다른 사람이 차이를 전혀 알아듣지 못한다면 여러분이 미묘하게 다른 '시' 소리와 '키' 소리를 낸들 대체 무슨 소용이 있겠어요? 화석으로 남은 작은 귀 뼈를 연구한 결과, 네안데르탈인은 현생 인류가 내는 것과 똑같은 범주의 소리들을 들을 수 있었던 것으로 밝혀졌습니다.

이렇게 언어와 관련 있는 형질들은 얼마나 오래전부터 존재했던 것일까요? 서로 밀접하게 연관되어 있는 종들이 같은 형질을 공유하고 있다면, 이런 형질은 공통 조상에게서 물려받은 것일 가능성이 있습니다. 네안데르탈인과 인간이 똑같은 FOXP2 유전자와, 비슷한 설골과, 비슷한 귀 뼈를 지니고 있다면 우리는 아마 이런 형질들 또는 이런 형질들 가운데 한 버전을 하이델베르크인에게서 물려받았을 겁니다.

이는 곧 우리의 '형제' 종인 데니소바인 역시 언어를 사용하는 데 적응한 형질을 물려받았을 것이라는 의미입니다. 과학자들이 데니소바인 화석을 더 발견하기 전까지 확실히 알 수는 없을 테지만 말입니다.

오래전에 유럽에 살던 네안데르탈인의 생활을 상상해봅시다. 이들이 말을 할 수 있었다면(설령 우리만큼 유창하게는 아니더라도 말이죠) 대체 무엇에 관해서 나불나불거렸을까요?

아마 다른 이들에 관한 이야기를 했겠죠.

진화는 우리가 소금, 설탕, 지방에 혈안이 되도록 만들었습니다. 우리 조상들이 살던 환경에서는 이 중요한 영양분을 항상 충분히 얻을 수 없었기 때문입니다.● 또 진화는 우리가 소문에 혈안이 되도록 만들었습니다. 긴밀한 관계를 맺은 집단의 일원이 되는 일에 생존이 달려 있다면, 여러분이 다른 이들을 어떻게 생각하는지, 또 다른 이들이 여러분을 어떻게 생각하는지가 **중요합니다**. 누가 친구고, 누가 경쟁자인가요? 누가 누구와 짝짓기를 하고, 그 사실이 여러분의 번식 가능성에는 어떤 영향을 끼치나요? 같은 무리에 있는 동료들이 여러분을 존중하나요? 누가 믿을 만하고, 누가 사기꾼인가요? 아, 그리고, 잠시만요…… 혹시 사람을 죽이는 미치광이가 주변에 있나요?

● 잠깐 실례할게요. 솔티드 캐러멜 아이스크림을 좀 찾아보고 오겠습니다.

스페인에서 발견된 40만 년 전의 초기 네안데르탈인에게는 두개골 앞쪽에 똑같이 생긴 구멍 두 개가 있었습니다. 이 남성은 동일한 날카로운 물체에 이마를 **두 번** 얻어맞았습니다. 여러분이 명탐정 셜록 홈스가 아니더라도 이게 단순한 사고가 아님을 추론할 수 있을 겁니다. 어쩌면 두 사람이 서로 말다툼을 벌였는지도 모릅니다. 어쩌면 두 집단이 영역 다툼을 벌였는지도 모릅니다. 자세한 사정이야 어찌 되었든 간에, 이는 누군가가 다른 이의 손에 죽었다는 사실을 보여주는 가장 오래된 증거입니다. 만약 이 자리에 목격자들이 있었고, 이 사건을 설명할 만한 말이 있었다면, 분명 이 사건에 대해 얘기를 많이 했을 겁니다. **아주 많이요.**

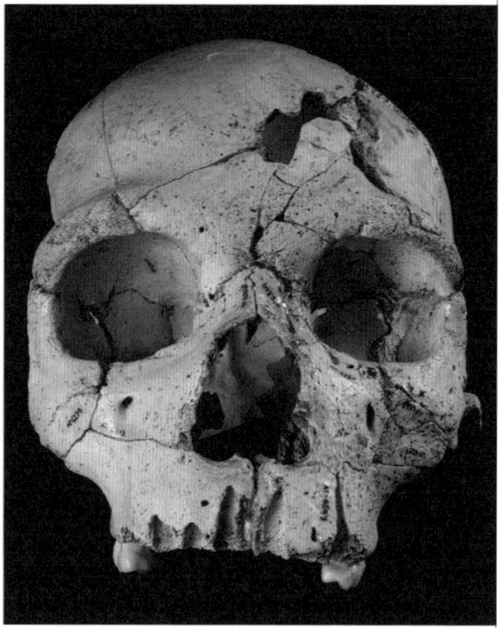

이 40만 년 전 두개골에는 똑같은 물체에 이마를 두 번 얻어맞은 흔적이 있다.

음식과 음식을 얻는 방법 역시 주된 대화 소재였을 것입니다. **오늘은 누가 열매를 따러 가고, 누가 사냥을 하러 나갈까? 우리가 어떤 동물을 먹잇감으로 노려야 할까? 사슴을 잡고 나면 누가 어떤 부위를 가져가야 할까?** 맛있는 것들을 나누는 방법을 결정하려면 협상이 필요했습니다.●

어떤 네안데르탈인들은 고도의 기술이 투입된 최신 무기에 관해 이야기를 나누었을지도 모릅니다. 바로 창이지요. 이제껏 발견된 창 가운데 가

● 누군가의 머리를 후려치는 대신에 말입니다. 말로 하세요, 네안데르탈인!

장 오래된 것은 독일에 있는 네안데르탈인 유적지에서 나온, 끝이 뾰족한 30만 년 된 나무 창입니다. 과학자들은 도살된 말 열 마리의 흔적 근처에서 창들을 발견했습니다.

창이 그리 대단한 물건이 아닌 것처럼 느껴질지도 모릅니다. 그렇지만 설령 짧은 거리일지라도 거리를 둔 채로 상대를 죽일 수 있는 이 무기 덕분에 우리는 이빨, 발톱, 발굽, 가지가 뻗은 뿔, 통으로 된 뿔을 지닌 동물들과 필사적으로 다툴 때 좀 더 유리한 위치를 점할 수 있었습니다. 이제는 한창 건장한 나이대의 덩치 큰 동물들도 잡을 수 있게 됐지요. 창은 우리를 사자와 대등한 입장으로 만들어주었습니다. 오랜 시간이 흘러, 드디어 말입니다.

네안데르탈인이 창, 사자, 사냥 또는 그 밖의 다른 것들을 설명하는 데 어떤 말을 사용했는지 우리는 모릅니다. 모든 인간 문화에서는 일을 처리하는 방법에 관한 기준이 생겨난다는 걸 우리는 확실히 알지요. 우리 조상들은 의사소통하는 방법에 관한 기준을 발전시켰을 것이며, 시간이 흐르면서 이 기준이 점점 더 정교해졌을 것이라 상상해볼 수 있습니다. 이 소리는 '창'이라는 뜻을 지닌다고, 또 이렇게 소리를 내거나 소리와 몸짓을 조합하면 '창을 던진다'는 뜻을 지닌다고 말입니다.

언어가 어마어마하게 정교해짐에 따라 우리는 복잡한 기술을 다음 세대로 전할 수 있었습니다. 독일에서 발굴된 30만 년 전 창은 단순해 보일지도 모르나, 심혈을 기울여 설계된 물건입니다. 나무의 가장 단단한 부분(나무 둥치의 아래쪽에 가까운 부분)이 끄트머리가 되도록 창을 깎았습니다. 창의 무게중심은 창 끄트머리에서 3분의 1정도 떨어진 지점에 있습니다. 이는 현대 올림픽의 투창 경기 때 쓰이는 창의 무게중심과 동일합니다.

가르치는 사람과 배우는 사람 사이에서 소통이 더 잘 이루어질수록 더 좋은 창이 탄생합니다. 더 좋은 창이 만들어진다는 건 여러분과 자식들이

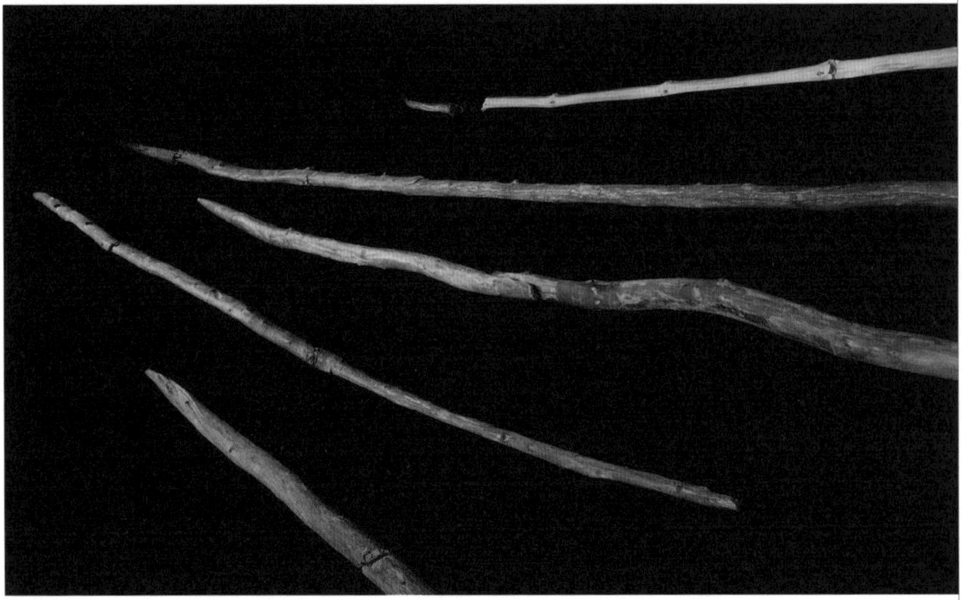

30만 년 전 독일(서부 유럽)의 네안데르탈인이 만든 창. 각각의 길이는 2미터 정도다.

먹을 음식이 더 늘어난다는 뜻입니다.

네안데르탈인이 보다 복합적인 도구를 만들었다는 증거도 있습니다(화살대, 돌날, 바인딩). 이 점을 한번 생각해보세요. 여러 부품으로 이뤄진 도구를 한데 조립하는 것은 마치 단어를 조합해서 문장을 만드는 것과 마찬가지입니다. 돌로 만든 촉은 쓸모가 많습니다. 바인딩 재료나 나무로 만든 화살대도 그렇습니다. 알맞은 절차에 따라 이런 도구들을 조합하면, 이 부품들을 단순히 합쳤을 때보다 더 큰 효과를 냅니다. 이와 마찬가지로 각각의 단어들을 조립해서 '우리는 창으로 말을 죽인다'라는 문장을 만들 수 있습니다.

네안데르탈인은 이 밖에도 여러 복잡한 기술을 겸비하고 있었습니다. 이들은 뼈로 만든 도구, 직접 지은 옷, 익힌 식물, 섬유를 꼬아 만든 끈 등을 갖춘 은신처를 마련했습니다. 이들은 삼림지대에 사는 사냥감을 잡는 데 능숙하면서도 한편으로는 해산물을 먹을 수 있을 만큼 다재다능했습니다. 해안 지역에 사는 네안데르탈인은 게, 장어, 바닷새, 조개, 홍합 등을 먹었습니다. 여기에는 모두 서로 다른 사냥 기술과 채집 기술이 필요했습니다. 화석에서 드러나는 증거에 따르면, 어떤 네안데르탈인들에게는 '외이도염'이 있었다고 합니다. 물속에서 오랜 시간을 보내는 사람들이 잘 걸리는 질병이지요. 이 네안데르탈인들은 얕은 곳에서 다이빙을 하던 이들이었을까요?

네안데르탈인의 심미안. 영국(서부 유럽)에서 발견된 30만 년 전의 주먹도끼. 돌에 박혀 있는 조개 화석을 감싸도록 만들었다.

안타깝게도 네안데르탈인의 대화는 우리에게 닿지 못합니다. 우리는 네안데르탈인이 세상을 어떻게 경험했는지, 또 세상에 관해 어떤 생각을 품었는지 모릅니다. 그렇지만 이들이 서로 어떤 관계를 맺고 있었는지를 보여주는 몇 가지 힌트는 있습니다. 살아가려면 아마도 도움이 필요했을, 이가 다 빠진 나이 많은 호모 에렉투스를 기억하시나요? 최소한 일부 네안데르탈인도 나이가 많고 장애가 있는 이들을 돌봐주었을 것이라는 증거가 있습니다. 어느 나이 많은 남성의 유골을 보면 팔이 연약하고, 다리와 발이 변형되어 있고, 오래전에 얼굴에 상처를 입어 아마도 한쪽 눈이 보이지 않았을 것이라 생각됩니다. 같은 집단 동료들이 도와주지 않았다면 이 남성은 살아가지 못했을 것입니다. 그리고 태어나면서부터 심각한 장애를 지니고 있던 네안데르탈인 아이 하나는 열 살쯤 될 때까지 보살핌을 받으며 살아남았습니다.

네안데르탈인의 양육 방식에 관한 단서는 프랑스의 해변에서 발견된 8만 년 전의 발자국 무리에서 얻을 수 있습니다(모래가 시간이 흘러 굳어지면서 바위가 되었습니다). 이 발자국은 10~14명 정도 되는 무리가 남긴 것이었고, 대부분은 어린아이나 청소년이었습니다. 발자국의 크기를 통해 미루어 보면 가장 나이가 어린 네안데르탈인은 두 살이었을 것입니다. 그리고 발자국 한 쌍은 커다란 성인 남성의 것으로 보입니다. 이건 네안데르탈인의 유치원이었던 걸까요?

다른 한편으로, 네안데르탈인이 식인을 했다는 증거도 있습니다. 잘린 흔적이 있는 네안데르탈인의 뼈가 네안데르탈인의 난롯가에서 발견되었습니다. 이런 식인 현상은 어쩌면 일종의 도너 파티Donner Party◆와 비슷한 것이었을지 모릅니다. 눈 속에 갇혀 굶주리고 절박한 상황에서 네안데르탈인 무리가 추위에 못 이기고 이미 죽어간 이들의 몸을 먹었을지도 모릅니다. 또는 몇몇 네안데르탈인이 일부러 다른 네안데르탈인들을 사냥했을 가능성도 있습니다. 이들은 '집단 내부' 사람들에게는 친절을 베풀어도 괜찮고, '집단 외부'에 있는 어떤 이들에게는 잔인하게 굴어도 괜찮다고 보았을지도 모릅니다. 만약 그랬다면, 이는 현생 인류도 공유하고 있는 특징입니다.

어쩌면 죽은 이들의 몸을 먹는 행동이 장례 의식의 일부였을지도 모릅니다. 그렇다면 이런 질문이 피어오릅니다. 네안데르탈인에게 영적인 삶이

◆ 어느 미국 개척자 집단을 가리키는 표현으로, 이들은 설산에 갇혀 식인을 한 적이 있다.

있었을까? 네안데르탈인은 이렇게 얘기했을 수 있습니다. "이렇게 창을 만들어!"라거나 "이리로 와!"라고요. 그런데 이런 궁금증도 가졌을까요? '내가 죽고 나면 어떤 일이 벌어질까?'

네안데르탈인은 때로 죽은 이들의 몸을 묻어주기도 했습니다. 어쩌면 순전히 실용적인 이유로 한 행동일지도 모릅니다. 썩어가는 시체를 땅에 묻으면 포식동물을 끌어들일 가능성이 줄어듭니다. 그렇지만 단지 하이에나를 피하려는 목적으로 무덤을 판 것이었다면, 과학자들이 몇몇 네안데르탈인 유적지에서 발견했던 것처럼 굳이 시체를 신중하게 놓아둘 이유는 없었을 겁니다.

여기 또 골똘히 생각해봐야 할 점 한 가지가 더 있습니다. 17만6500년쯤 전, 네안데르탈인 무리 하나가 프랑스에 있는 동굴로 멀리, 아주 멀리 모험을 떠났습니다. 이들은 칠흑같이 검은 동굴 안쪽으로 336미터를 들어갔습니다. 가는 길을 밝히려면 분명 횃불도 필요했을 것입니다. 이 네안데르탈인들은 그 새카만 어둠 속에서 무얼 찾고 있었을까요? 이들은 왜 동굴 바닥에 돋아난 석순을 떼어내서 그걸로 커다란 동그라미 두 개, 그보다 작은 동그라미 하나, 석순 더미 네 개를 만들었을까요? 마치 햇빛이 안 드는 곳에 자신들만의 스톤헨지◆를 만든 것처럼 말입니다.

그래요, 이 네안데르탈인들의 커다란 뇌 속에서는 분명 무슨 일이 벌어지고 있었습니다. 그렇지만 이들이 얼마만큼의 통찰력이나 지능을 가졌는지와는 무관하게, 이들은 앞으로 어떤 일들이 벌어질지 상상할 수 없었을

◆ 영국 솔즈베리 근교에 있는 고대의 거석 기념물. 중앙에 제단석이 놓여 있고 돌기둥이 이를 둘러싸고 말굽 모양으로 늘어서 있으며 그 바깥쪽에 높이 2~7미터의 기둥 모양의 돌이 둥그렇게 줄지어 서 있어 삼중의 고리 모양을 이룬다. 기원전 1900년에서 기원전 1500년경에 구축된 것으로 추측된다.

것입니다. 이 네안데르탈인들은 남쪽에서 온 멀쑥하고, 피부가 어둡고, 머리가 달걀형인 이주자들을 마주치려던 참이었습니다.

바로 우리들입니다.

이야기꾼이 되다

7단계

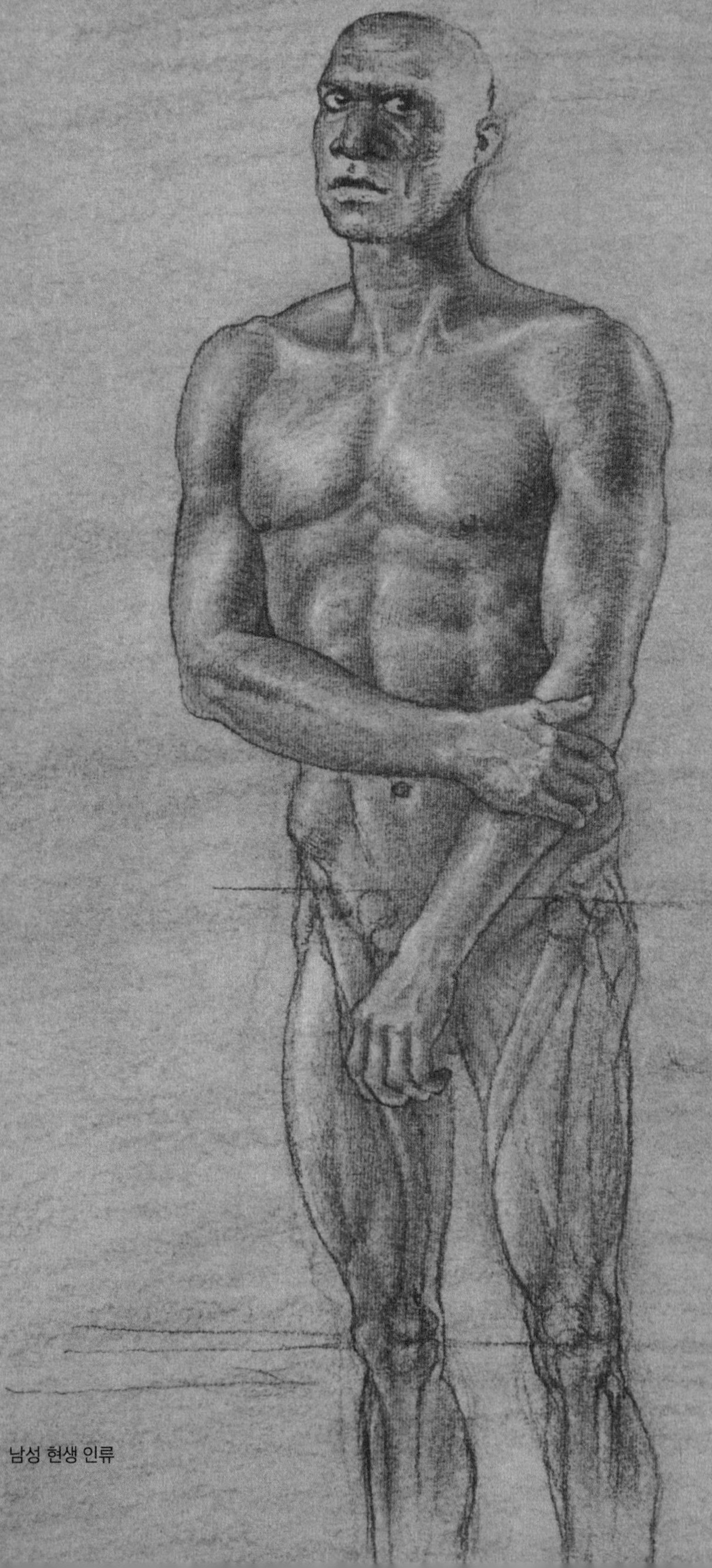

남성 현생 인류

여러분은 이런 궁금증이 피어오를지도 모릅니다. "6번째 단계(말하기 시작하다)와 7번째 단계(이야기꾼이 되다)는 대체 뭐가 다른 거지? 말을 할 수 있으면, 당연히 이야기도 할 수 있는 거 아니야?"

그래요, 언어는 이야기를 들려주는 일의 일부입니다. 그렇지만 주어, 동사, 목적어를 함께 엮을 줄 안다고 해서("나는 열매를 찾았다") 곧《반지의 제왕》같은 소설이 나오지는 않습니다. 이야기를 들려주는 일은 곧 언어를 더 강력하게 사용하는 일입니다. 그리고 언어를 사용하는 것은 이야기를 들려주는 여러 방식 가운데 한 가지일 뿐입니다.

이야기꾼이 되는 일은 복잡한 이야기를 전달하고 이해하는 완전히 현대적인 능력에 이르는 것과 관련이 있습니다. 옛날 옛적에 벌어졌던 일에 관한 이야기, 바로 지금 일어나는 일에 관한 이야기, 미래에 벌어질지도 모르는 일에 관한 이야기, 벌어질 수도 있었던 일에 관한 이야기는 우리의 상상을 통해서만 가능합니다. 진화 과정 중에 우리 조상들이 영화 〈스타워즈〉의 내용을 이해했을 만한 시점에 관해서 이야기를 해보겠습니다. 만약 우리가 마법을 써서 시간을 거슬러 올라가 그들이 쓰던 말로 이야기를 들려주기만 한다면 말이죠.

물론 각색을 좀 해야 하기는 할 것입니다. 스톰트루퍼◆들은 블래스터 소총을 내팽개치고 창을 던져야 할지도 모릅니다.● 그렇지만 극적인 추격 장면이라든가, 협동하고 경쟁하는 친구들이라든가, 아버지와 아들의 심각한 갈등은 어떨까요? 우리 조상들은 이들 모두를 알아들을 겁니다. 우리가 관심을 갖듯이, 조상들도 여기에 흥미를 느낄 것입니다. 우리가 진화해오던 중 바로 그 시점에는 그들이 곧 우리이고 우리가 곧 그들이니까요.

되감기를 해서 우리 종이 맞이했던, 안개가 자욱한 여명으로 돌아갑시다. 바로 호모 사피엔스입니다.

다시 한번, 출발점은 아프리카입니다. 어쩌면 열곡에서 시작했을지도 모릅니다. 또 어쩌면 대륙 곳곳의 여러 장소에서 시작했을지도 모릅니다. 그리고 다시 한번, 우리는 서랍에서 가장 날카로운 칼을 꺼내든 것처럼 혹독했던, 걷잡을 수 없을 만큼 변덕스러운 기후에 감사해야 할 겁니다. '날카로운 칼'이라는 표현이 딱 맞겠습니다. 새로운 도구들이 32만 년쯤 전 케냐(동부 아프리카)에서 처음으로 등장했거든요. 우리 조상들이 꼬박 100만 년 동안 틀어쥐고 있었던 묵직한 아슐리안 주먹도끼보다 이 칼들은 작고, 예리하고, 날카로웠습니다. 이런 칼을 제조하는 데에는 훨씬 더 엄청난 기술이 필요했습니다. 이렇게 새로운 칼을 만들어낸 사람들은 황토(광물)를 갈아 가루도 만들었습니다. 황토는 실용적인 쓰임새가 많았습니다. 곤충을 쫓는 퇴치제, 보존제, 접착제 재료로 쓰였습니다. 흙은 노란색에서 빨간색, 또 검은색까지 다양한 색깔을 지녔지요. 갈아낸 황토를 동물의 지방과 섞으면 물감이 생깁니다. 어쩌면 이 사람들은 황토를 사용해 예술품을 만들었을지

◆ 영화 〈스타워즈〉 시리즈에 등장하는 제국의 군대.

● 그리고 창도 어차피 빗나가겠죠.

도 모릅니다.

이렇게 새로운 칼과 황토 가루를 누가 만들었는지는 확실히 알지 못합니다. 하이델베르크인의 후기 버전이었을까요? 아니면 호모 사피엔스의 초기 버전이었을까요?

호모 사피엔스의 것일지도 모르는 가장 오래된 화석은 모로코(북아프리카)에서 발견된 30만 년 전의 두개골입니다. 이 두개골은 현생 인류처럼 얼굴이 납작하고 눈 위로 뼈가 돌출된 부분이 얇습니다. 그렇지만 두개골의 형태나(우리처럼 둥글기보다는 좀 더 길쭉한 편입니다) 커다란 이는 하이델베르크인과 비슷합니다. 어쩌면 진행 중에 포착된 진화의 모습일지도 모릅니다. 같은 장소에서 발견된 도구들은 동부 아프리카에서 발견된 것과 같습니다. 가볍고, 날카롭고, 솜씨 좋게 만든 도구들입니다.

남부 아프리카에서 발견된 25만9000년 전의 두개골 일부도 우리 종의 초기 구성원들 것일지도 모릅니다. 에티오피아(동부 아프리카)에서 발견되어 많게는 19만 년 전까지 거슬러 올라가는 다른 화석들도 우리와 같은 치아, 두개골 형태, 날씬한 체형을 지니고 있습니다. 신체적으로 봤을 때 이들이 최초의 현생 인류입니다. 이런 초기 인간 가운데 일부가 아프리카를 떠나 그리스(남부 유럽)에 21만 년 전 뼈를, 또 이스라엘(중동)에 18만 년 전 뼈를 남겼습니다. 이와 같은 초기 탐험가들은 사라진 것으로 보이지만, 이들 일부가 그 지역에 있던 네안데르탈인 무리에게 흡수되었다는 증거들이 이제는 나타났습니다.

20만 년 전쯤에 살았던 인간들이 우리와 비슷하게 **생겼다는** 사실은 알지만, 이들이 과연 우리처럼 **생각했는지는** 모릅니다. 시간 여행을 해서 〈스타워즈〉 공개 방송을 하며 다스 베이더가 루크에게 "내가 네 아버지다!"● 라고 할 때 우리 조상들이 과연 숨을 멈췄을지를 확인해볼 수는 없습니다.

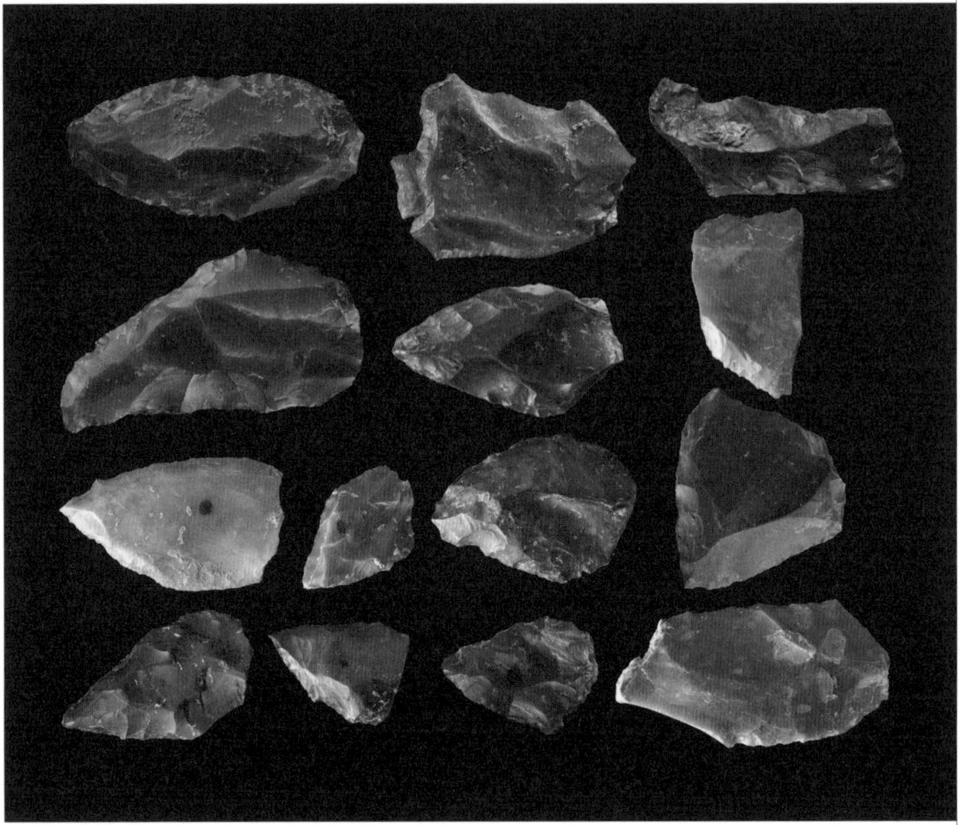

모로코(서부 아프리카)에서 발견된 30만 년 전의 돌 도구

다른 증거에 의지해야 합니다.

우리 조상들이 우리처럼 생각했을지를 탐구하고자 과학자들은 이렇게 질문합니다. 이들도 우리처럼 복잡한 언어를 가지고 있었을까? 가장 중요하게는, 그들도 복잡한 상징을 사용했을까? 이 두 가지 자질은 인간의 정신세계를 다른 모든 동물과 구분해줍니다. 이런 능력을 '슈퍼 파워'라고 부르

● 저런, 스포일러가 있다는 경고가 늦었네요.

는 것도 전혀 과장스러운 일이 아닙니다.•

슈퍼 파워 1. 복잡한 언어로 말하기

지구 위 서로 다른 두 장소에서 인간의 아기를 데려다가 맞바꾸면, 각각의 아이는 양부모의 언어를 완벽하고 유창하게 구사하면서 성장하게 될 겁니다. 설령 그 언어에 성조가 있다거나(베트남어처럼 말입니다) 성조에다 흡착음까지 있다 하더라도 말이죠(남아프리카 공화국의 !Xóõ처럼요).

복잡한 언어는 인간의 보편적인 특징입니다. 이는 이런 언어가 우리 조상들이 아프리카를 떠나기 **전에** 진화했다는 사실을 보여줍니다. 만약 우리가 지구 전역에 퍼져나간 **뒤에** 온전히 현대적인 언어가 발달했다면, 일부 인구 집단(복잡한 언어를 먼저 발달시킨 집단)이 다른 인구 집단보다 언어 능력이 더 뛰어났을 것입니다. 그렇지만 실제로는 그렇지 않았습니다. 대부분의 아이들은 희한할 정도로 쉽게 언어를 배웁니다. 사회가 복잡하면 가장 복잡한 언어가 생겨날 거라고 추측할지도 모르지만, 사실은 아닙니다. 아마존 열대우림에 사는, 1000명도 안 되는 이들이 쓰는 언어인 투유카어Tuyuca가 세상에서 가장 어려운 언어일 것입니다(물론 여러분이 투유카에서 자랐다면 이 말을 배우는 건 식은 죽 먹기일 테지만요).

슈퍼 파워 2. 상징을 사용해서 의사소통하기

상징이란 무언가를 사용해서 다른 무언가를 표현하는 것입니다. 언어는 일종의 상징주의라고 할 수 있습니다. 소리를(또는 수어라면 몸짓을) 사용해서

• 아다만티움도, 슈퍼 솔저 혈청도, 감마선도, 방사성 거미가 깨무는 일도, 그리스신들의 개입도 필요 없습니다.

어떤 사물이나 생각을 표현하는 것이니까요. 그렇지만 언어는 상징적인 의사소통 방식 가운데 그저 한 가지에 불과합니다.

제가 '사자'라는 말을 내뱉으면 입에서 공기가 툭 튀어나옵니다. 제가 사자 그림을 그리면, 여러 화학 물질이 종이에 칠해집니다. 제가 나무 조각으로 작은 사자 조각을 만든다면, 깎여나간 죽은 나무 조각이 생겨납니다. 제가 '사자'라는 단어를 적으면, 직선과 곡선이 합쳐진 것이 탄생합니다. 이 가운데 어느 것도 실제 사자는 아닙니다. 이 가운데 어느 것도 얼룩말의 목을 부러뜨릴 수 있는 위험한 포식동물과 **비슷하지** 않습니다. 그렇지만 이런 상징들 각각은 '사자'라는 생각을 제 뇌에서 여러분 뇌로 전달합니다.

얼룩말들도 분명 사자 생각을 할 것입니다. 대개는 삶의 마지막에 이르러서야 하는 생각이겠죠. 그렇지만 상징적인 생각은 아닙니다.

사람에게 붙잡힌 침팬지나 보노보는 수어를 활용하거나 칠판에 쓰인 상징을 가리키면서 조련사와 의사소통하는 법을 배웁니다. 이 점을 참고한다면, 상징적으로 생각하는 능력은 우리 대형 유인원이 물려받은 특성의 일부라고 볼 수 있습니다. 초기 호미닌들도 상징적인 생각을 했다는 사실을 보여주는 증거가 있습니다. 에렉투스가 지그재그 무늬를 새겨 넣었던 50만 년 전 홍합 껍데기를 기억하시나요? 그리고 그보다 한참 전에 오스트랄로피테쿠스가 모아두었던 마카판스가트의 조약돌은요? 마카판스가트의 조약돌은 시간, 공간, 종을 넘어서서 '얼굴'이라는 의미를 전달하는 강력한 상징입니다.

현생 인류가 복잡한 언어와 상징적인 의사 소통법을 지니고 있다는 점은 명백합니다. 아무튼 여러분도 이 책을 읽고 있으니까요. 우리 조상들이 이런 슈퍼 파워를 언제 발전시켰는지를 알아내는 일은 좀 까다롭습니다.

아무래도 조상들은 글을 쓰지 않았으니 말이지요. 이들이 모닥불 주변에 둘러앉아 나누었던 이야기를 우리는 결코 들을 수 없을 것입니다. 이들의 음악과 노래는 수천 년 전에 자취를 감추었으며, 죽은 조상들의 뼈가 펄쩍 튀어 올라 춤을 출 수도 없습니다. 우리는 새긴 흔적, 그림, 조각, 장신구 같은 물리적 대상에 의지해서 오래전에 죽은 조상들의 뇌 속에서 어떤 일이 벌어졌는지를 알아내야 합니다.

이렇게 쭉 언급한 내용 중에 장신구 얘기가 있어서 깜짝 놀랐을지도 모르겠네요. 그렇지만 개인적인 장식품도 이야기를 들려줍니다. 장신구, 타투, 피어싱, 머리 스타일, 옷, 메이크업(바디페인팅의 현대적인 버전입니다) 등은 모두 남들이 해석해주기를 의도하고 사용하는 상징들입니다. 이런 것들은 우리가 어떤 사람인지를 전달합니다.

조개로 만든 구슬은 최소 13만5000년 전 알제리(북부 아프리카)와 이스라엘(중동)에서 모습을 드러냅니다. 1000년 전 남부 아프리카에 살던 인간들은 전복 껍질을 물감 통으로 써서 액체 상태로 만든 황토를 담았습니다. 이 사람들은 돌로 된 벽 위에 그림을 그렸던 걸까요? 아니면 자신들의 피부를 캔버스 삼아 그림을 그렸을까요? 때로는 황토 자체에 장식을 하기도 했습니다. 같은 장소에서 발견된 7만7000년 전 황토 덩어리에는 직교하는 무늬가 새겨져 있습니다.●

지금까지는 우리의 직계 조상에 초점을 맞춰보았습니다. 그렇지만 형제 종들도 잊지 말도록 해요. 네안데르탈인들이 동굴 깊은 곳에다 부러뜨린 석순을 모아 만든 고리 모양을 기억하시나요? 이 고리 모양들은 상징적인 의미가 있는 것 같습니다. 우리가 그 상징을 이해하지는 못하더라도 말

● #세계_최초의_해시태그입니다.

디자인이 새겨진 7만7000년 전의 황토 덩어리

입니다. 13만 년쯤 전 크로아티아(동부 유럽)에 있던 네안데르탈인은 독수리의 발톱으로 목걸이를 만들었습니다. 11만5000년쯤 전 스페인(서부 유럽)에 살던 네안데르탈인은 조개껍데기에 구멍을 뚫고 빨간색과 노란색 안료로 색칠을 했습니다. 누군가 남들에게 강한 인상을 주고자 몸에 걸쳤을 것입니다.

오랜 세월 우리 호모 사피엔스들은 우리가 그림을 만들어낸 최초의 호미닌이라고 생각했습니다. 이건 잘못된 생각일지도 모릅니다. 6만4000년 전으로 거슬러 올라가보면, 누군가가 스페인에 있는 동굴에 들어와 벽에다 점, 사각형, 선을 그려두었습니다. 호모 사피엔스는 그 뒤로 1만8000년이 지나고 나서야 유럽에 이르렀으니, 이 그래피티 예술가는 네안데르탈인이었을 가능성이 가장 높습니다.

한편, 아프리카로 다시 돌아가보죠.

우리가 지닌 지적 슈퍼 파워를 떠올려본다면, 우리 호모 사피엔스가 곧바로 세계를 정복했을 것이라고 여러분은 생각할지도 모릅니다. 지구 곳곳으로 빠르게 이주하고, 뒤이어 농업·도시·인쇄술을 발명하고, 마블 코믹스 세계관이 탄생했다고 말이죠.

그렇게 빠르게 일어나지는 않았습니다. 15만 년쯤 전, 우리는 거의 도도새와 같은 길을 걷고 있었습니다.

우리가 하마터면 멸종할 뻔했다는 증거가 DNA에 남아 있습니다. 인간은 유전자의 다양성이 낮습니다. 이는 최소한 과거 어느 한 시점에는 인간의 수가 적었다는 의미입니다. 어쩌면 기후위기 때문에 이와 같이 인구가 감소했을지도 모릅니다. 과거에 기후가 변동했던 것이 우리의 지적 능

스페인(서부 유럽)에 있는 동굴 벽에 황토로 그린 형상

력과 적응력이 진화하도록 촉진했을 가능성이 있습니다. 그렇지만 40만 년 전에서 10만 년 전 사이, 기후 불안정으로 우기/건기 주기가 심각하게 반복되며 우리는 멸종위기 종이 되었습니다. 마치 지금의 판다에게서 귀여움만 뺀 것 같은 상황이었던 거지요.

환경은 우리를 내팽개치지 않았습니다. 그렇다고 해서 우리를 구하러 나서지도 않았습니다. 우리 운명은 우리 손에 달려 있었습니다.

살아남아서 애를 쓰던 인류는 아마도 남아프리카의 해안으로 몸을 피했을 것입니다. 그리고 1년 내내 조개류를 먹으며 목숨을 부지했을 것입니다. 어쩌면 점점 줄어들어가던 중남부 아프리카의 습지로 향했을지도 모릅니다. 그러다 12만 년쯤 전, 춥고 메마른 환경이 한결 나아졌습니다. 그리고 인구가 증가했습니다.

10만 년 전 무렵, 두 번째 이주의 바람이 불어오자 아프리카를 떠나 중동으로 이동했습니다. 그 당시 중동의 풍경은 동아프리카와 비슷하게 삼림지대와 초원으로 이뤄져 있었습니다. 동아프리카와 똑같은 여러 종들이 사는 곳이었지요. 영양, 타조, 사자, 하이에나, 그리고 하마까지요. 그렇지만 우리 조상들은 이곳에 도착했을 때 예상치 못했던 것을 맞닥뜨립니다. 바로 네안데르탈인입니다.

오늘날 살아남은 호미닌은 우리가 유일합니다. 그렇지만 우리가 아프리카를 떠났을 무렵 세상은 마치 오크, 엔트, 엘프, 난쟁이, 호빗, 인간이 살아가는 톨킨의 이야기 속 중간계와 같았습니다.● 네안데르탈인들은 중동과 유럽에 살았습니다. 중앙아시아에서는 네안데르탈인과 데니소바인이

● 물론 더 완전한 목록을 만든다면 발라, 이스타리, 베오른족, 발로그, 강의 정령, 거인, 트롤, 톰 봄바딜도 들어가야 할 것입니다. 그렇지만 여러분 앞에서 그렇게까지 괴짜처럼 굴고 싶지는 않네요.

5만 년 전 호모 네안데르탈렌시스의 두개골(왼쪽)과 10만 년 전 호모 사피엔스의 두개골(오른쪽). 둘 모두 이스라엘(중동)에서 발견되었다.

사는 지역이 겹쳤지요. 게다가 동남아시아의 섬에는 호빗을 닮은 호미닌 두 종류도 살고 있었습니다(이들에 관한 이야기는 나중에 하겠습니다).

아마 기억하시겠지만, 데니소바인들은 서로 다른 하이델베르크인 집단에서 진화해 나온 세 가지 종 가운데 하나였습니다. 우리 인간들은 아프리카의 하이델베르크인에서 진화했고, 네안데르탈인은 유럽의 하이델베르크인에서 진화했으며, 데니소바인들은 아시아의 하이델베르크인에서 진화했습니다.

그리고 모두들 잘 알고 있듯이, 가족이란 복잡한 관계입니다.

데니소바인들은 네안데르탈인과 생김새가 무척 비슷했습니다. 물론 손가락이 더 가늘었고(인간의 손과 더 비슷했습니다) 머리는 더 컸지만 말입니다. 그리고 DNA에 남아 있는 단서를 통해 보면, 데니소바인들은 다른 호미닌과 교배를 했던 것으로 보입니다. 아마도 호모 에렉투스와 말입니다. 정말

놀랍게도, 에렉투스는 11만 년 전 무렵까지 동남아시아의 자바 섬에 살아남아 있었습니다. 우리는 아마 근소한 차이로 이들을 못 만났을 것입니다.

우리가 네안데르탈인과 상호작용을 했다면 분명 흥미로웠을 것입니다. 두뇌 크기가 비슷했고 (추측건대) 정신세계도 비슷했을 테니까요. 기술도 비슷했습니다(불, 돌로 만든 도구). 아프리카의 태양빛을 받으며 진화했으니 피부색도 모두 어두웠습니다. 네안데르탈인의 유전체를 분석해보면, 어떤 네안데르탈인은 붉은 머리에 밝은 갈색 피부를 지니고 있었습니다. 네안데르탈인은 키는 좀 작지만 더 다부지고 튼튼했던 것에 비해 우리는 키가 좀 더 크고 말랐습니다. 둘이 직접 맞붙어 싸웠다면 여러분은 아마 네안데르탈인이 이긴다는 쪽에 걸 겁니다. 그렇지만 자, 보세요, 우리가 네안데르탈인을 넘어섰을 수도 있습니다.

일부 네안데르탈인과 인간이 만났을 때 어떤 일을 했는지에 관해 한 가지 아주 재밌고 세세한 사실이 잘 알려져 있습니다. 이들은 서로 짝짓기를 했습니다. 과학자들은 현생 인류의 혈액 샘플에서 채취한 유전 정보와 네안데르탈인의 뼈에서 추출한 유전 정보를 비교하며 이 사실을 발견했습니다. 아프리카에서 성공적으로 이주해 나온 최초의 인간들이 남긴 현재 후손들, 즉 유럽·아시아·아메리카·오세아니아에 살았던 이들을 조상으로 둔 모든 현생 인류의 유전체는 1~2퍼센트가 네안데르탈인입니다. 조상이 모두 아프리카 출신인 사람들도 네안데르탈인의 유전자를 조금 지니고 있습니다. 과학자들은 2만 년쯤 전에 네안데르탈인 유전자를 지닌 몇몇 초기 유럽인들이 다시 아프리카로 이동했고, 그래서 아프리카에서 이동하지 않았던 사람들과 섞였을 것이라고 봅니다.

제 몸에 있는 세포 하나하나에는 네안데르탈인이 조금씩 들어 있습니다. 여러분의 세포에도 마찬가지입니다.

인간과 네안데르탈인이 섞인 것은 딱 한 시기나 장소에만 국한된 일은 아니었습니다. 아마 기억나실지 모르지만, 제일 처음에 아프리카를 떠난 모험심 넘치는 인간들은 별도의 무리를 이루며 살지 않았습니다. 그렇지만 이들은 후손을 남겼습니다. 바로 인간의 DNA를 보유한 네안데르탈인입니다. 그 뒤 유럽에서는 수천 년 동안 네안데르탈인과 인간이 서로 겹치는 범위 안에서 살아갔습니다. 동부 유럽에서 발견된 4만 년 전 무렵 인간의 뼈를 유전적으로 분석해보면, 불과 네 세대만 거슬러 올라가도 네안데르탈인 조상이 있었다는 사실이 드러납니다.

이렇게 짝짓기를 할 때 성폭력이 벌어졌는지는 모릅니다. 종을 넘어선 비운의 사랑을 했을 가능성도 배제할 수 없습니다. 현생 인류와 네안데르탈인에게서 얻은 구강 박테리아의 유전체를 비교한 결과(화석이 된 치아의 치태에서 채집한 것입니다), 과학자들은 두 박테리아 모두 10만 년쯤 전 네안

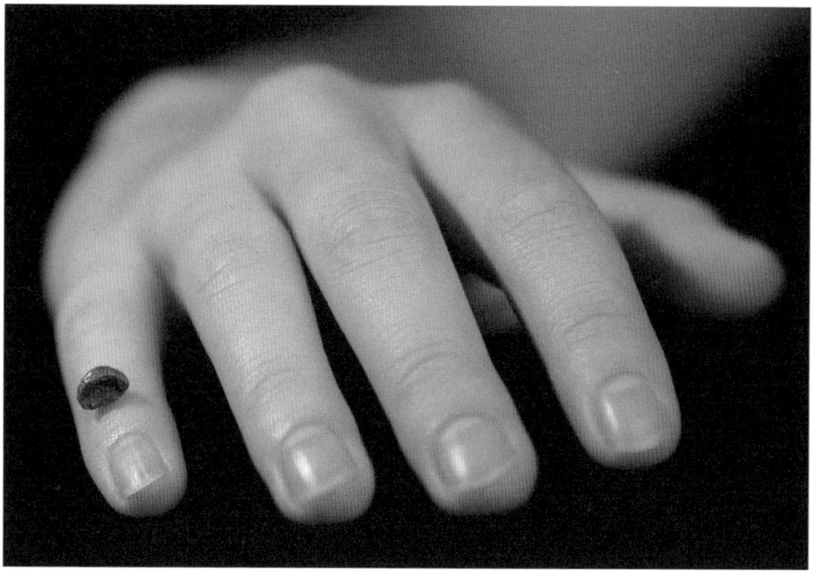

작은 손가락뼈(새끼손가락 위에 놓인 갈색 물체)에서 얻은 DNA를 사용해 데니소바인이 새로운 호미닌 종이라는 사실을 알아냈다.

데르탈인과 인간이 공통으로 지니고 있던 박테리아의 후손이라는 사실을 알아냈습니다.

흐음. 네안데르탈인과 인간이 어쩌다 구강 박테리아를 서로 나누게 된 것일까요?

서로 다른 종끼리 교배한 호미닌은 네안데르탈인과 인간만이 아니었습니다. 네안데르탈인은 동쪽을 향해 퍼져나가면서 데니소바인을 만났습니다. 시베리아(아시아)에 있는 데니소바 동굴에서 연구자들은 9만 년 전 어느 소녀의 뼈 일부를 발견했습니다. '데니'라는 별명이 붙은 이 소녀는 어머니가 네안데르탈인이었고, 아버지가 데니소바인이었습니다. 데니는 잡종 호미닌 1세대였던 것입니다.

아무리 못해도 8만 년 전 우리 인간이 아시아 본토에 이르렀을 때, 우리 역시 데니소바인과 교배를 했습니다. 그 결과, 아시아 전역에 있는 사람들은 아주 약간은 데니소바인 출신입니다(보통은 1퍼센트 이하입니다). 멜라네시아(뉴기니와 그 동쪽의 섬들)에 사는 사람들에게는 데니소바인 혈통이 최대 5퍼센트를 차지합니다. 이는 아마도 가장 이르면 7만 년 전, 인간이 동남아시아에 이르렀을 때 이들 일부가 당시 두 번째로 수가 많았던 데니소바인들과 교배를 했고, 그 뒤에 이동해서 멜라네시아에 정착했을 것이라는 사실을 보여줍니다.

지금의 아프리카와 아시아에 사는 인구 일부도 '유령 인구'와 유전적으로 섞였던 흔적을 희미하게 보여줍니다. 유령 인구란 알려지지 않은 호미닌과 종을 넘어서서 교배를 했다는 증거가 우리 유전체에 있다는 의미입니다. 그 종의 물리적인 흔적(이를테면 뼈 같은 것)을 아직 발견하지는 못했어도 말입니다. 과학자들은 하이델베르크인이 세 '형제 종'(인간, 네안데르탈인, 데니소바인)으로 진화했다고 보지만, 어쩌면 인간 무리와 교배를 했던 다른 하이델베르크인의 후손이 있을지도 모릅니다.

확실한 것은 한 가지입니다. 이동하고 뒤섞이는 것은 인간이 하는 행동입니다. 이것이 우리를 우리답게 만들어줍니다.

물론 (말하자면) 잡종을 만들어내던 그 어떤 인간도, 네안데르탈인, 데니소바인, 또는 다른 호미닌도 유용한 유전자를 얻는 걸 전혀 떠올리지 않았을 것이라 확신합니다만 종을 넘어서서 교배하는 일은 진화 과정에서 이득이 됩니다. 예를 들어 DNA 분석을 통해 우리는 네안데르탈인의 면역 체계가 풍토병에 대한 저항력을 발달시켰다는 사실을 압니다. 인간이 이들과 짝짓기를 했을 때는, 질병에 대한 저항력을 지닌 네안데르탈인의 유전자를 물려받은 자손이 살아남고 번식할 확률이 더 높았을 것입니다.

데니소바인의 유전자에도 장점이 있었습니다. 히말라야 고산지대에 사는 현대의 셰르파들은 '대단한 운동선수'였던 데니소바인의 유전자를 물려받아 공기가 희박한 지역에서 산소를 활용하는 능력이 뛰어납니다. 데니소바인이 고도가 높은 지역에서 살았다는 사실을 아는 까닭은 중국 티베트 고원의 해발 3280미터 지점에서 16만 년 전 데니소바인의 턱뼈가 발견되었기 때문입니다.

7만 년쯤 전, 우리는 동남아시아에 도착해 섬에서 섬으로 건너가기 시작했습니다. 우리는 아마도 물을 건널 수 있도록 뗏목을 만들었을 겁니다. 마침내 인도네시아에 있는 플로레스 섬에도 닿았습니다. 아마도 바로 이곳에서 호빗을 만났을 것입니다. 우리 조상들이 건장한 네안데르탈인과 데니소바인을 넋놓고 바라보았다고 친다면, 아마 호모 플로레시엔시스를 보고는 눈이 튀어나왔을 겁니다.

다 자란 플로레스 섬 호빗은 8세 인간의 키와 몸무게와 비슷했습니다.

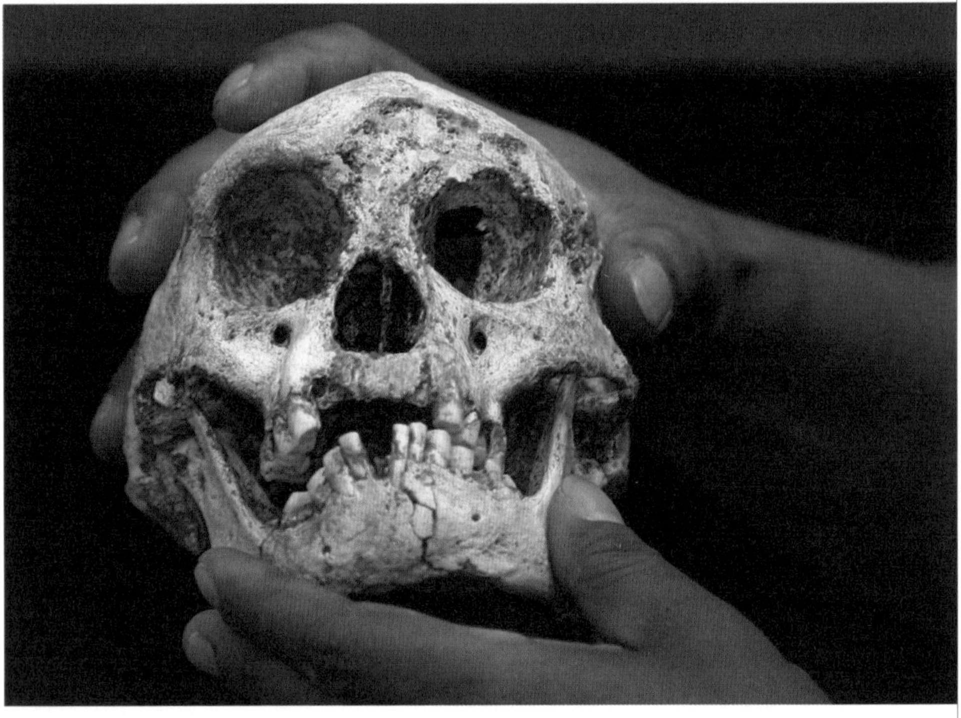

인도네시아 과학자가 플로레스 섬 호빗의 두개골을 본뜬 모형을 들고 있다.

이들은 몸이 다부졌으며, 팔과 다리가 비교적 길었습니다.● 뇌는 침팬지 정도 크기였지만, 이 호빗들은 불을 다루고 돌로 만든 도구를 사용했습니다. 그렇지만 둥근 문이 달려 있고 아늑한 벽난로를 갖춘 호빗 구덩이에 살지는 않았습니다. 이 호빗들이 살던 세상은 소형 코끼리와 코모도왕도마뱀이 있는 열대 숲이었습니다.

혹시 플로레스인이 이상하게만 느껴진다면, 제가 드릴 말씀은 이것뿐이네요. 오스트레일리아에 갈 때까지만 잠시 기다려보세요.

● 과연 영화나 소설에 묘사된 호빗처럼 커다란 발등에 두터운 갈색 털이 돋아나 있었을까요? 아무도 모르는 일입니다만, 저는 그랬을 것 같습니다.

플로레스 섬 호빗은 플로레스 섬이 수백 킬로미터쯤 되는 바다를 사이에 두고 본토에서 떨어져 나왔을 때 이 섬에 살고 있었습니다. 쓰나미가 호모 에렉투스 무리를(또는 다른 호미닌 무리를) 바다로 쓸어가서, 살아남은 이들이 뗏목 구실을 하는 초목에 매달려 있다가 플로레스로 떠내려왔을지도 모릅니다. 도마뱀 역시 우연히 생겨난 일종의 노아의 방주 덕분에 섬에 도착했을 가능성이 있습니다. 코끼리들은 놀랄 정도로 수영을 잘하니,● 아마 스스로 헤엄쳐서 왔을 것입니다.

섬이라는 환경은 대개 몸집이 작은 개체를 선택합니다. 몸집이 작을수록 필요한 음식이 적기 때문입니다. 섬은 본토 환경에 비해 음식이 한정적인 편이니까요. 과학자들은 이런 선택의 압력 때문에 맨 처음 섬에 표류했던 이들의 후손은 점차 몸집이 줄어들어 호빗이 되었을 것이라 생각합니다. 이와 비슷한 선택의 압력을 받아 코끼리들도 몸집이 조랑말 크기가 되었습니다.

그래요, 그렇지만 커다란 도마뱀은 대체 어쩌다 생겨난 것일까요?

동남아시아 본토에서는 호랑이와 표범이 커다란 포식자 역할을 맡았습니다. 그렇지만 커다란 고양잇과 동물들은 바다를 건너 플로레스 섬까지 떠내려온 적이 없었습니다. 진화는 무엇이든 주변에서 포착되는 것에 작용합니다. 플로레스 섬에서 포착되었던 것은 도마뱀이었습니다. 플로레스 섬의 환경은 덩치가 큰 도마뱀을 선택했습니다. 몸집이 클수록 섬에 있던 사슴, 돼지, 조랑말 크기의 코끼리를 더 잘 잡아먹을 수 있었기 때문입니다. 플로레스에 살던 도마뱀들은 크기가 커져 코모도왕도마뱀이 되었습니다.

진화에 관한 유용한 규칙은 바로 이것입니다. 섬에서는 희한한 일들이

● 빌트인 스노클링 장비까지 갖추고 있으니까요.

벌어질 수 있습니다.

두 번째 호빗 종(호모 루조넨시스)의 뼈와 치아는 필리핀에 있는 루손 섬에서 발견되었습니다. 루손 섬 호빗은 플로레스 섬 호빗보다 몸집이 다소 컸으며, 손가락이 구부러져 있었고, 나무를 타고 오르기 좋은 발가락뼈를 가지고 있었습니다. 루손 섬 호빗이 멸종되기 전에 인간이 루손 섬에 간 적이 있는지는 모릅니다.

6만5000년쯤 전, 우리 인간은 섬에서 섬으로 건너가며 오스트레일리아까지 갔습니다. 그곳에서 말처럼 큰 캥거루, 코뿔소처럼 큰 웜뱃, 그리고 곰, 사자만큼이나 큰 유대목 사자를 발견했습니다. 코모도왕도마뱀을 아침 식사로 잡아먹을 수도 있었을 6미터짜리 도마뱀은 말할 것도 없지요. 거기에 날지 못하는 거대한 새 계보의 마지막 주자인 게니오르니스 뉴토니도 있었습니다. 이 새의 별명은 '죽음의 악마 오리'였습니다.●

유용한 규칙을 한 가지 더 알려드리죠. 고립된 대륙에서는 희한한 일들이 벌어집니다.

잠시 5만 년쯤 전에 멈춰봅시다. 인류는 아프리카에서 출발해 동쪽으로 나아가 오스트레일리아까지 갔습니다. 우리가 유일한 호미닌은 아니지만, 인간이 사는 다양한 서식지를 떠올려본다면 분명 우리가 가장 적응을 잘한 호미닌일 겁니다. 우리는 창, 화살, 끌, 낚시를 하는 데 쓰는 가시 달린 촉, 가죽을 바느질해서 옷이나 은신처를 만드는 뼈바늘 등 새로운 기술도 발명했습니다.

4만6000년쯤 전, 마침내 우리는 유럽에 도착했습니다. 유럽에서 발견

● 최초의 오스트레일리아인에게 영광을 돌립니다. 저라면 이 새를 보고 다시 뗏목으로 돌아가 노를 저어 달아났을 거예요. **서둘러서요.**

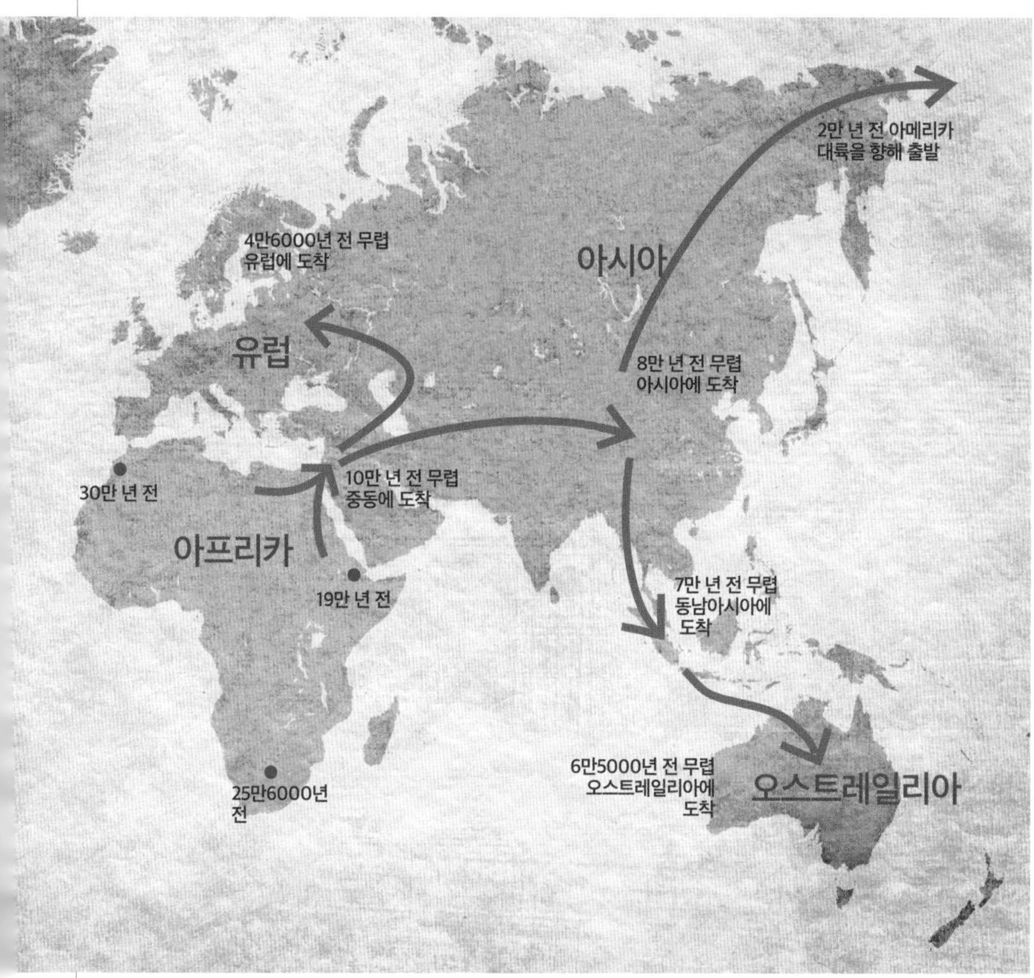

아프리카에서 초기 현생 호모 사피엔스의 화석이 발견된 주요 장소. 그리고 전 세계 주요 지역으로 인간이 언제 이동했는지를 보여준다. 확실히 알아볼 수 있도록 현재의 해안선을 표시해두었다.

된 가장 오래된 인간의 흔적은 체코(동부 유럽)에 살던 여성의 흔적입니다. DNA 분석을 통해 우리는 이 여성의 피부가 어두운 색이었고, 머리는 갈색이었으며, 눈도 갈색이었고, 70~80세대쯤 거슬러 올라가면 네안데르탈인을 조상으로 두고 있다는 사실을 알게 되었습니다.

여러분은 유럽까지 가는 데 왜 이렇게 시간이 오래 걸렸는지 의아할지도 모릅니다. 아프리카를 기준으로 보면 오스트레일리아보다 훨씬 가까운데 말이죠. 그렇지만 4만6000년 전 유럽은 살아가기에 특히나 가혹한 환경이었습니다. 45만 년쯤 전 하이델베르크인이 유럽에 정착했을 무렵, 유럽은 대부분이 숲이었습니다. 네안데르탈인들은 – 유럽 하이델베르크인의 후손입니다 – 이런 삼림 지대에서 살도록 적응했습니다. 그렇지만 마지막 빙하기가 찾아오자 기온이 떨어졌습니다. 대륙 빙하가 북부를 덮었고, 남부에는 숲이 사라지고 나무 하나 없는 툰드라 지대가 생겨났습니다. 네안데르탈인은 제아무리 추운 날씨에 적응했다지만 고생을 했습니다. 숲에서 사냥하던 방식을 바꾸어 탁 트인 유럽의 초원 지대에서 매머드, 야생마, 야생소, 털로 뒤덮인 코뿔소에 맞서도록 적응하느라 수많은 네안데르탈인 무리가 어려움을 겪었을 것입니다.

우리들에게 가봅시다.

물론 유럽에 도착한 최초의 현생 인류는 유럽까지 오는 동안에 도움이 될 만한 네안데르탈인의 몇몇 유전자를 얻었을 것입니다. 그렇지만 인간은 아프리카에서 진화했습니다. 우리의 몸은 추운 환경에서 살아남도록 선택된 것이 아닙니다. 우리 뇌는 네안데르탈인의 뇌보다 크지 않았으니, 뇌의 크기가 장점이라고 할 수는 없었을 겁니다. 그런데도 (스포일러 주의) 네안데르탈인은 사라졌고, 우리는 살아남았습니다.

인간이 지니고 있던 핵심적인 장점은 아마도 집단적인 지적 능력이었을 것입니다. 집단적인 지적 능력은 두뇌 크기보다는 의사소통과 협동을 통해 우리 뇌를 서로 연결하는 방식과 관련이 있습니다.

빙하기 유럽에 살았던 인간들은 거래 네트워크를 확보하고 있었습니다.

특정한 유형의 돌과 재료들(조개껍데기 같은 것들)은 특정한 장소에서만 발견됩니다. 그러므로 이런 것들이 원산지에서 멀리 떨어진 지점에서 발견된다면 거래가 벌어졌다는 사실을 알 수 있습니다. 그리고 거래가 일어났다는 것은 다양한 집단이 모여 물자와 생각을 공유했다는 의미입니다.

물론 더러는 집단 사이에 갈등이 벌어지기도 합니다. 우리는 편을 가르는 종이고, 또 갖가지 사소한 이유를 대며 '우리'와 '그들'을 나눌 때도 많습니다. 제 가족 안에서도 출신 대학에 따른 경쟁 구도를 볼 수 있는데요, 따지고 보면 전혀 의미 없는 일입니다. 그렇다고 해서 우리 팀을 응원할 기회를 가만히 놓쳐야 하는 걸까요?●

우리는 편을 가르기도 하지만 대단히 사회적이기도 합니다. 낯선 이들을 만나 물자와 생각을 교류하면 어마어마한 이득을 얻을 수 있습니다. 바로 이런 식이죠. 누군가가 새로운 약초를 발견했다거나, 물고기 잡는 도구를 발명했다거나, 동물 가죽에 구멍을 뚫는 도구를 만들어냈다고 칩시다. 사회적 네트워크가 넓으면 이런 혁신이 확산될 기회도 더 많아집니다. 새로운 아이디어가 사라져버릴 가능성은 줄어듭니다. 이런 혁신을 더 많은 사람들이 시험해볼수록 그 가운데 누군가가 혁신을 더 발전시킬 가능성이 커집니다. 어쩌면 열을 가하면 약초의 효과가 더 좋아질 수도 있고, 물고기 잡는 도구에 돌을 넣어 묵직하게 가라앉히면 더 나을지도 모릅니다. 어쩌면 누군가가 가죽에 구멍을 뚫는 도구 끝에다 구멍을 만들지도 모르고요. 자, 보세요. 세계 최초의 바늘이 만들어졌습니다.

혁신은 빙하기 유럽의 난관들을 극복할 수 있게 도와주었습니다. 혁신 덕분에 아프리카, 아시아, 오스트레일리아에서 겼었던 힘든 일들을 뛰어넘고 살아남았던 것처럼요. 그리고 5만 년쯤 전은 누구도 부정할 수 없는 복잡한 상징적 의사소통의 증거가 최초로 등장했던 시기입니다. 이 의사소통

● 물론 그럴 수 없죠. 가라, 베어스!

은 바로 스토리텔링입니다. 그래요, 오랜 길을 빙 돌아오기는 했지만, 드디어 〈스타워즈〉로 다시 왔습니다.

스토리텔링은 가벼운 오락거리 정도로 느껴질지도 모릅니다. 날카로운 창, 따스한 곰 가죽, 불을 피우는 부싯돌 같은 것들이야말로 유용한 것이라고 말이에요. 그렇지만 스토리텔링은 우리가 성공을 거두는 데서 핵심적인 역할을 맡았습니다.

여러분이 이야기를 들려주면 사건을 재생하고, 대안을 상상하고, 해야 할 것과 하지 말아야 할 것을 어린 사람들에게 가르쳐줄 수 있습니다. **오르그가 뿔에 들이받혔을 때 기억해? 그때 걔가 어린 코뿔소를 혼자서 뒤쫓지만 않았어도…….**

심지어는 완전히 지어낸 이야기가 – 때로는 완전히 지어낸 이야기야말로 특히나 – 살아가는 방법을 알려줍니다. 이야기는 현실 세계를 곧바로 흉내 낸 것이 아닙니다. 이야기는 특정한 행동, 가치, 사고방식을 강조하는 일종의 시뮬레이션입니다. 영웅은 역경을 딛고 이겨냅니다. 영웅들은 용감하고 충성스러우며, 한 치 앞이 보이지 않을 때에도 계속 나아갑니다. 친구들끼리는 서로 돕습니다. 악은 맞서 싸워야 합니다. 〈스타워즈〉와《해리 포터》에 등장한 주제는, 지금 남아 있는 것 가운데 가장 오래전에 글로 쓴 이야기인《길가메시 서사시》에도 등장합니다. 이야기를 통해 우리는 어떤 것이 중요한지를 알게 됩니다. 이야기를 통해 우리는 가치를 공유하고, 또 우리가 누구이며 어떻게 우리 자신이 되었는가에 관한 집단적인 서사를 들려줍니다. 우리는 가치를 공유하는 이들을 믿을 가능성이 더 높습니다. 서로 믿으면 협동이 늘어나고, 협동하면 더 잘 살아남을 수 있습니다.

이야기에는 나쁘게 행동하는 사람들도 종종 등장하는 게 사실입니다. 놀랄 만한 일은 아닙니다. 효과를 발휘하려면 서사는 우리의 관심을 끌어야 합니다. 그리고 규칙을 어기는 것만큼 관심을 끄는 일은 없습니다(살해하지 마라, 도둑질하지 마라, 다스 베이더를 건드리지 마라 등). 우리는 사회적인 동물입니다. 사회적인 규칙을 어기면 고개를 홱 돌려 쳐다보고는 합니다. 이야기 속 등장인물들이 끔찍한 일을 곧잘 저지르기는 하지만, 대부분의 서사에서 규칙을 어긴 자들은 붙잡히고 처벌을 받습니다. 살인자는 밝혀지고, 거짓말쟁이는 정체가 드러나고, 잘못된 것은 바로잡힙니다. 팰퍼틴 황제와 볼드모트 경은 몰락합니다. 도덕적인 질서가 복구됩니다. 어마어마하게 만족스러운 일이죠.

다른 누군가가 어떤 생각을 하고 있을지 상상하게 해주는 마음 이론을 기억하시나요? 마음 이론을 잘 발달시켜두면, 번개나 지진의 배후에 인간 같은 지적인 존재가 있다고 상상하는 건 별로 어려운 일도 아닙니다. 우리가 천둥번개라든가 지각 변동이 일어나는 걸 통제할 수는 없지만, 신들이 서로 싸운다는 이야기를 만들어내면 두려움도 우리가 이해할 수 있는 틀 안에 들어갑니다. 초자연적인 설명까지 포함해서, 설명은 안도감과 의미를 부여합니다. 그리고 **사회적인** 규칙을 어기는 것보다 더 마음을 갈기갈기 찢어놓는 일을 꼽아본다면, 바로 현실의 법칙을 깨는 것입니다. 바로 그 때문에 머릿속에 오래 남는 이야기들에는 신, 유령, 악마, 마술, 초인적인 힘을 지닌 인간들이 등장하는 것이죠.

어느 오스트레일리아 토착민 집단은 버즈 빔Budj Bim에 관한 이야기를 합니다. 버즈 빔은 땅에서 솟아나올 때 입에서 액체로 된 불을 내뱉은, 조상과도 같은 존재입니다. 버즈 빔은 이 지역에 있는 화산 이름이기도 합니다. 3만7000년 전에 마지막으로 폭발했던 화산입니다. 자연재해를 초자연적으로 설명하는 방식은 구술 전통을 통해 이 세대에서 저 세대로 전해 내려온, 세계에서 가장 오랫동안 명맥을 이어온 이야기일 겁니다. 《길가메시 서사시》가 등장하기 3만3000년 전의 일입니다.

그리고 이야기는 우리가 다른 이들의 눈을 통해 세상을 바라보도록 해준다는 점을 명심해둡시다(여기서 마음 이론이 또 한번 작동합니다). 우리는 우리 자신의 입장을 벗어나볼 수 있습니다. 전혀 다른 삶을 살아가는 전혀 다른 사람이 되는 일이 어떤 것인지를 탐구할 수 있습니다. 이야기를 통해 우리는 아주 다양한 어려운 상황을 겪어볼 수 있고, 실제로 느끼지 않더라도 강렬한 감정을 체험해볼 수 있습니다. 가장 좋은 이야기들은 우리의 지평을 넓혀주고, 생각을 깊게 만들어주고, 연민에 불을 지핍니다. 가장 좋은 이야기들은 우리가 현실에서 더 좋은 선택을 내릴 수 있게 해줍니다.

이야기는 그저 가벼운 즐길거리에 불과하다고 여러분이 항변할지도 모르겠습니다. 맞아요! 바로 그게 핵심입니다. 이야기는 역사상 가장 부담 없고도 스릴 넘치는 생존 도구입니다.

스토리텔링이 일어났다는 증거 가운데 가장 오래되고 신뢰할 수 있는 것은 세계의 양 끝에서 발견되었습니다. 바로 동남아시아와 서유럽입니다. 여기서 생겨난 이야기들은 수천 년 동안 잠들어 있다가 현대에 들어와 재발견되었습니다.

오래전에 사라진 이런 상징들과, 이런 상징들이 들려주는 이야기를 읽어내는 법은 아무도 모릅니다. 인간 같기도 하고 동물 같기도 한 생물체에게 둘러싸인 저 물소에게는 어떤 일이 벌어지는 걸까요? 저기 그려진 선들은 창일까요, 밧줄일까요, 아니면 마법 광선일까요? 인류 최초의 슈퍼히어로는 '라이언 맨'이었을까요? 말들이 행진하는 건 무슨 일이었을까요? 창에 찔린 황소의 내장은 다 튀어나오고, 저기 코가 새 부리 같은 남자는 뒤로 넘어지고 있습니다…… 저라면 3미터짜리 막대기로 **저런 걸** 건드리지는 않을 거예요. 물론 그림 속에 3미터짜리 막대기가 있기는 하지만요.

↑ 4만4000년 전 인도네시아 술라웨시 섬에서는 최초로 이야기 속 장면을 그렸습니다.

4만 년쯤 전 독일에서는 매머드 상아를 이렇게 변신시켰습니다. →

3만4000년쯤 전, 우리 인간은 프랑스에 있는 동굴에 들어가 이런 그림을 그렸습니다. ↓

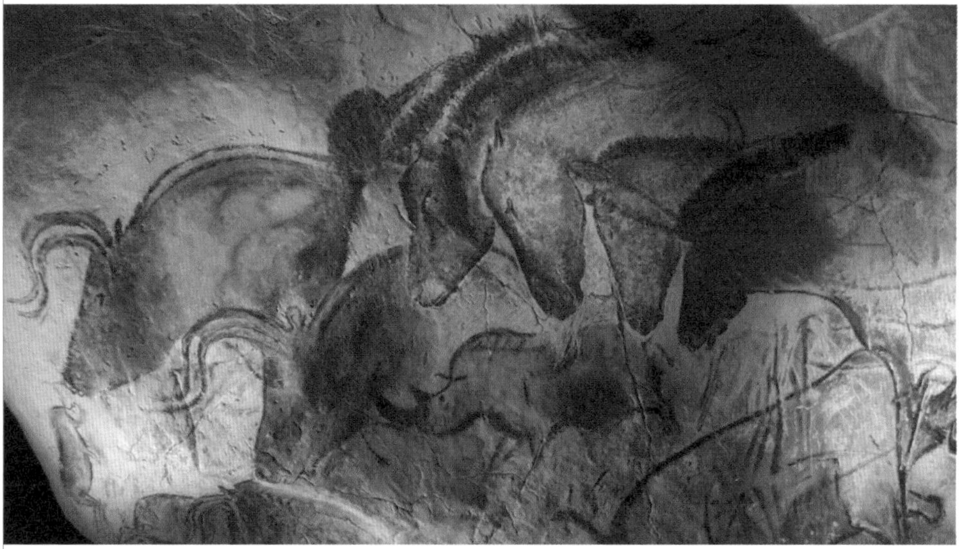

1만6000년쯤 전, 또 다른 프랑스의 동굴에는 이런 그림을 그렸습니다.

그러면 저 코뿔소는 최초의 예술 비평가였을까요? 아이고.

한 가지만은 확실합니다. 우리가 이런 상징들을 이해하든 못 하든 복잡한 정신적·영적·감정적 삶을 살던 사람들이 이런 작품들을 만들어냈다는 것입니다. 정말로 중요한 여러 측면에서 따져봤을 때, 그들은 곧 우리입니다.

만약 우리가 시간을 거슬러갈 수 있다면, 이 사람들이 선사시대 버전의 〈스타워즈〉를 이해할 것이라고 말해도 괜찮을 것 같습니다. 호메로스의 《오디세이아》라든가요. 아니면 셰익스피어의 《로미오와 줄리엣》을 말이죠.● 과연 〈네모네모 스펀지 밥〉을 설명할 수 있을지는 잘 모르겠지만요.

● 물론 네안데르탈인 로미오와 인간 줄리엣이 등장하겠죠.

지배하다

결말

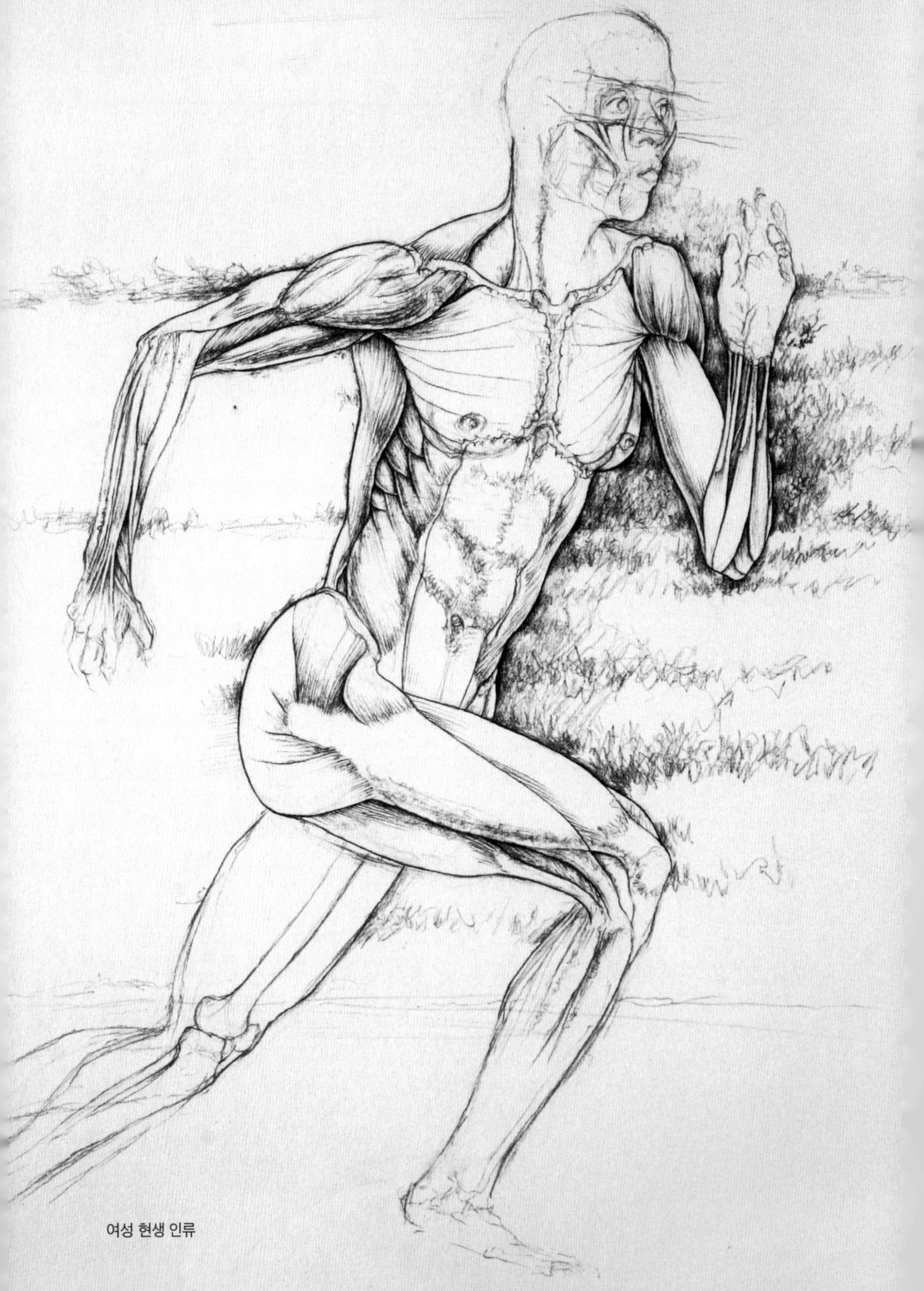

여성 현생 인류

"사람들은 미래의 원인이 되는 일보다는 과거의 결과가 되는 일을 더 쉽게 여기고는 한다."

_ 작자 미상

이 장은《반지의 제왕》을 떠오르게 합니다. 인간의 시대가 밝아오고 엘프들이 중간계를 영영 떠나는 대목 말입니다. 우리 인간의 경우에는 오크, 호빗, 난쟁이, 엔트도 떠난다는 점이 다르지만요. 다시 말해, 바로 다른 모든 호미닌들이 멸종하게 됩니다.

가장 먼저 멸종한 건 호모 에렉투스였습니다. 우리의 조상이었던 종들은 이미 오래전에 아프리카와 아시아 본토에서 자취를 감췄지만, 11만 년쯤 전까지는 동남아시아 자바 섬에 살아남은 이들이 있었습니다. 아마 기억하실 테지만, 진화는 서로 다른 장소에서 서로 다른 속도로 일어납니다. 서식지가 안정적이고 선택의 압박이 적은 곳에서는 설령 기나긴 시간이 흐른다 하더라도 집단이 변하지 않을 수도 있습니다. 호모 에렉투스도 마찬가지였습니다. 그렇지만 결국에는 이들도 세가 줄어들고 사라졌습니다. 아마도 기후 변화 때문이었을 것입니다.

그다음으로는 호빗이 멸종했습니다. 루손 섬 호빗은 5만 년쯤 전에 멸종했습니다. 어떤 이유로 사라졌는지는 모릅니다. 대개 멸종은 공룡을 덮쳤던 운석처럼 거대한 사건 때문에 생겨나는 일이 아닙니다. 작은 일들이 연달아 쌓이고 쌓여서 일어나는 경우가 더 많습니다. 취약한 종은 멸종의 경계선 가까이 더 가까이로 밀려가다가 결국은 넘어가고 맙니다.

그렇지만 플로레스 섬 호빗에게는 극적인 사건이 벌어졌습니다. 플로레스 섬 호빗과 소형 코끼리는 5만 년쯤 전에 플로레스 섬에서 화산이 폭발하면서 사라졌습니다. 그렇지만 몇몇 코모도왕도마뱀은 이 섬에 여전히 살고 있습니다.

네안데르탈인은 4만 년쯤 전에 지구를 떠났습니다. 그 이유에 관해서는 여러 논쟁이 펼쳐지고 있습니다. 네안데르탈인은 수가 아주 많았던 적이 없었습니다. 그리고 빙하기에 네안데르탈인이 남쪽으로 밀려났을 때 아마도 이들의 숫자는 훨씬 더 줄어들었을 것입니다. 규모가 작고 고립된 집단은 멸종되기가 더욱 쉽습니다. 이런 집단에서는 핵심적인 기술이 사라질 가능성도 더 큽니다. 여러분 무리에서 제일 능력 있는 창 제작자가 제자를 길러내지 못한 채 사망한다면, 그다음 세대에서 만들어내는 창은 그만큼 뛰어나지 못할 것입니다.

여러 가지 작은 일들이 벌어지며 네안데르탈인을 궁지로 몰아넣었을 수도 있습니다. 유럽에서 거대한 화산 폭발이 일어나 햇빛을 가리고 기후를 한층 더 춥게 만들었을지도 모릅니다. 이를 비롯한 다른 기후 변화 때문에 먹잇감이 부족해졌을지도 모르고요. 인간이 오면서 새로운 질병을 가지고 왔을지도 모릅니다. 그리고 먹을거리와 다른 자원을 놓고 인간과 경쟁을 벌였을 겁니다. 어떤 이들은 우리 인간이 친척 종인 네안데르탈인을 의도적으로 살해했을 거라 추측하기도 하지만, 이를 입증하는 증거는 없습니다. 어쩌면 네안데르탈인의 수가 줄어들면서 그 지역에 있던 인간 무리에 단순히 흡수되었을지도 모르죠.

데니소바인들이 우리와 지구를 공유했던 마지막 호미닌인 것으로 보입니다. 우리가 확보하고 있는 데니소바인의 화석은 시베리아의 동굴에서 발견한 흩어져 있는 뼈나 치아 조각, 티베트고원에서 발견한 턱뼈, 데니소바인의 것으로 추정되는 중국에서 발견한 두개골이 전부입니다. 가장 최근에 남은 흔적은 최소 5만2000년 전의 것입니다. 그렇지만 과학자들은 동남아시아와 뉴기니 출신 현생 인류의 유전체를 분석해서 인간과 데니소바인이 서로 교배했다는 증거가 가장 최근까지 치자면 1만5000년 전까지 거슬러 올라간다는 사실을 밝혀냈습니다. 교배는 아마도 동남아시아에서 일어났을 것입니다.

호모 에렉투스, 호빗, 네안데르탈인, 그리고 이 가운데 마지막 주자였던 데니소바인은 아마도 어떤 일이 벌어지는지 이해하지 못했을 겁니다. 적어도 저는 이해하지 못했기를 바랍니다. 어쩌면 이 호미닌들은 자신들과 비슷한 다른 이들이 저 너머 계곡에 살고 있을 거라 상상했을지도 모릅니다.

데니소바인이 멸종한 뒤에는 우리 혼자 남았습니다.

우리가 유일한 호미닌이었던 적은 그전에는 한 번도 없었습니다. 하이델베르크인도 혼자였던 적이 없었습니다. 에렉투스나, 하빌리스나, 오스트랄로피테쿠스도요. 똑바로 서서 걸어 다녔던 초기의 종들, 즉 사헬, 오로린, 카다바도 아마 혼자였던 적은 없었을 겁니다. 지구에 있는 유일한 호미닌으로 살아간다는 건 엄청나게 슬픈 일입니다. 마치 가족 모임에 갔는데 아무도 없는 기분이랄까요.

마지막 3만 년은 아주 빠르게 넘어가보겠습니다. 여러분이 일상에서 접하는 많고 많은 이야기 가운데 하나에 불과하리라는 걸 잘 알고 있거든요. 소설로 읽든, 소셜미디어 포스팅에서 보든, 비디오게임에서 보든 말이에요.● 그렇지만 이 이야기는 여러분에 관한 겁니다. 또 여러분이 앞으로 만날 사람들에 관한 이야기이기도 합니다.

우리는 계속 탐험해나갔습니다. 2만 년도 더 전에, 어쩌면 이르게는 3만 년 전에 우리 가운데 몇몇 인간들이 시베리아를 떠나 아메리카 대륙을 발견했습니다. 어마어마한 늑대, 치타, 검치호랑이, 땅나무늘보, 낙타, 매머드, 마스토돈이 사는 새로운 세상이었습니다.

1만9000년쯤 전, 세상은 점점 더 따뜻해지고 축축해졌습니다. 대륙 빙하가 줄어들면서, 북반구에 있던 넓은 땅에도 인간이 살 수 있게 되었습니다. 우리는 수가 늘어났습니다.

인구가 늘어나자 사회적인 네트워크도 늘어났습니다. 혁신이 퍼져나갔습니다. 생물학적 진화보다는 문화적 진화가 우리를 이끌어가는 힘이 되었습니다. 1만1000년쯤 전, 중동과 아시아 지역에서 농경이 등장했습니다. 6000년쯤 전, 메소포타미아(현재의 시리아와 이라크)에 최초의 도시를 지었습니다. 엄청나게 많은 사람들이 서로 연결되는 도시에 살기 시작하자 혁신이 늘어났습니다. 5400년 전쯤 메소포타미아에서 활자가 나타났고, 그 뒤로 얼마 안 있어 (아마 독립적으로 벌어진 일일 겁니다) 중국에서도 나타났습니다. 아메리카 대륙에서도 인구가 증가하며 독자적인 농경, 도시, 활자가 생겨났습니다.

오늘날 문화적 진화는 초대형 규모로 일어나게 되었습니다. 이제는 정신이 쏙 빠질 정도로 혁신이 빠르게 이뤄져서, **해시태그**나 **비디오 게임** 같

● 평가를 내리려는 건 아니지만, 스토리텔링의 가치를 따져본다면 그 게임이 RPG 게임이었으면 좋겠네요.

은 단어를 글에다 써도 괜찮을지를 열심히 생각해야 했습니다. 몇 년만 지나면 VCR이라는 말만큼이나 구닥다리라고 느껴질 수도 있으니까요.● 1829년에 최초의 네안데르탈인 화석이 발견되었을 때, 그 화석이 무엇이며 어떤 의미인지는 아무도 몰랐습니다. 이제는 가루가 된 네안데르탈인의 뼈 한 줌만 있어도 우리가 이 네안데르탈인과 관계가 있고, 또 얼마나 가까운 관계인지를 알 수 있는 데다, 이 네안데르탈인이 빨간 머리였다는 것까지 알 수 있습니다.

그런 한편, 2012년에는 이모지를 이용한 시가 발명되었습니다. 말하자면 예전으로 후퇴할 수도 있게 된 것이죠.●●

이제 우리는 다른 행성에 갈 수 있게 해주는 미래적인 기술들도 상상할 수 있습니다. 언젠가는 우리가 다른 세계에 사는 가장 똑똑한 생명체를 판단하는 외계인 과학자가 될 수도 있겠죠.●●●

선사시대의 환경 덕분에 우리는 큰 뇌를 얻었습니다. 오늘날 우리는 큰 뇌를 사용해서 필요에 맞게 환경을 바꿉니다. 적어도 단기적인 필요에 맞게 말이죠. 지난 1만 년 동안 우리는 자연 생태계를 뒤바꾸었습니다. 그래서 육지 환경의 4분의 3이 이제는 모두 우리가 만들어낸 것일 정도입니다. 도시, 마을, 공장, 농경지, 가축을 기르는 땅이 되었습니다.

그 밖의 수많은 사실과 수치들은 여러분에게 늘어놓지 않겠습니다.

가축으로 기르는 지구상의 모든 새(대부분 닭이겠죠)를 꼬꼬댁거리고,

● 여러분의 할머니 할아버지는 이걸 가지고 계셨지만, 그걸 어떻게 프로그래밍하는지는 도통 모르셨습니다.

●● 저는 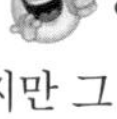 이렇답니다! 제게  는 보내지 마세요.

●●● 그렇지만 그 생명체를 끌고 오거나, 동물원이나 수족관에 전시하지는 않았으면 좋겠네요. 실제로도 돌고래들에게 이런 짓을 하는 걸 멈춰야 합니다.

빽빽 울고, 깃털을 흩날리는 더미 하나로 쌓는다고 상상해보세요. 그리고 지구상의 모든 야생 조류를 또 한 더미로 쌓는다고 상상해보세요 비둘기, 참새, 독수리, 마지막으로 벌새까지요. 가축으로 키우는 새들을 쌓은 더미가 **3배**는 더 클 겁니다.

아니면…… 78억 명이나 되는 인간과 우리가 가축으로 키우는 포유류(소, 돼지 등등)를 모두 한데 뭉쳐보세요. 이 찝찝한 덩어리를, 지구상에 있는 모든 야생 포유류를 뭉쳐 만든 마찬가지로 찝찝한 덩어리와 비교해보세요. 코끼리, 곰, 캥거루, 그 모든 동물이며 마지막으로 조그만 쥐까지 합해서 말이에요. 우리와 가축들을 뭉쳐놓은 덩어리가 **22배** 더 클 거예요.

1970년부터 2016년까지 야생 조류, 포유류, 양서류, 파충류, 어류의 수는 평균 68퍼센트 줄었습니다. 우리가 도시를 짓고 땅을 갈기 시작하면서부터 너무나 많은 종이 멸종했습니다. 우리가 이런 흐름을 당장 내일부터 바꾼다 하더라도, 그렇게 잃어버린 생물 다양성을 회복하려면 500만~700만 년 동안 진화를 거쳐야 할 정도입니다.

여러분이 태아처럼 웅크리고 세상의 종말을 기다려야 한다고 얘기하려는 건 아닙니다. 그렇지만 우리가 행성에 끼치는 영향에 책임을 져야 합니다. 우리가 화석연료를 과도하게 사용하면서 기후가 극단적이고 장기적인 변화를 겪고 있습니다. 이는 지구를 더 이상 좋은 곳으로 만들어주지 않을 겁니다.

저는 우리가 상황을 바꿔놓을 수 있을 거라는 희망을 품고 있습니다. 그래요, 우리는 엄청나게 똑똑한 종이니까요. 그렇지만 우리가 지구에서 우세해지도록 만들어준 것은 단지 정신적인 능력만은 아닙니다. 우리가 우세해진 건 바로 협동이라는 특별한 능력 덕분입니다. 물론 개미나 벌 같은 사회적인 곤충들도 엄청나게 협동을 잘합니다. 그렇지만 개미와 벌에게는 컴

퓨터나 크루즈 미사일이 없죠.●

우리는 협동하는 능력 덕분에 역사상 가장 위대한 성지, 성당, 모스크, 사원을 지을 수 있었고, 그와 더불어 역사적인 종교전쟁도 일으켰습니다. 협동하지 않았다면 홀로코스트는 벌어지지 않았을 것입니다. 협동하지 않았다면 결코 천연두를 물리치지도 못했을 것입니다.

우리는 협동해서 기후위기를 해결할 잠재력을 지니고 있습니다. 기후위기에 대항해서도, 또 남획부터 노천 채굴에 이르기까지 온갖 다른 환경 파괴에 대항해서도 행동할 수 있습니다. 우리가 마주하는, 환경 문제 외에 다른 문제들은 말할 것도 없고요. 우리는, 여러분과 저는, 더 나은 행동을 할 잠재력이 있습니다. 여기서 살고 좌충우돌하고 죽어갔던 그 모든 오스트랄로피테쿠스, 호모 하빌리스, 호모 에렉투스, 하이델베르크인, 또 오래전 호모 사피엔스에게서 우리는 잠재력을 물려받았습니다. 이들이 우리를 만들었습니다. 우리는 최선의 노력을 기울여 이들에게 보답해야 합니다.

● 그리고 개미나 벌이 크루즈 미사일을 손에 넣는 일이 없기를 바랍시다. 벌 사이보그에게 저항하는 건 헛된 일일 테니까요.

머나먼 과거로 돌아가봅시다. 4만 년 전 인도네시아 술라웨시 섬에서 누군가가 동굴 벽에 손도장을 찍었습니다. 입이나 어쩌면 튜브 같은 것을 이용해 오커를 섞은 물감을 손 주변에다 불었습니다.

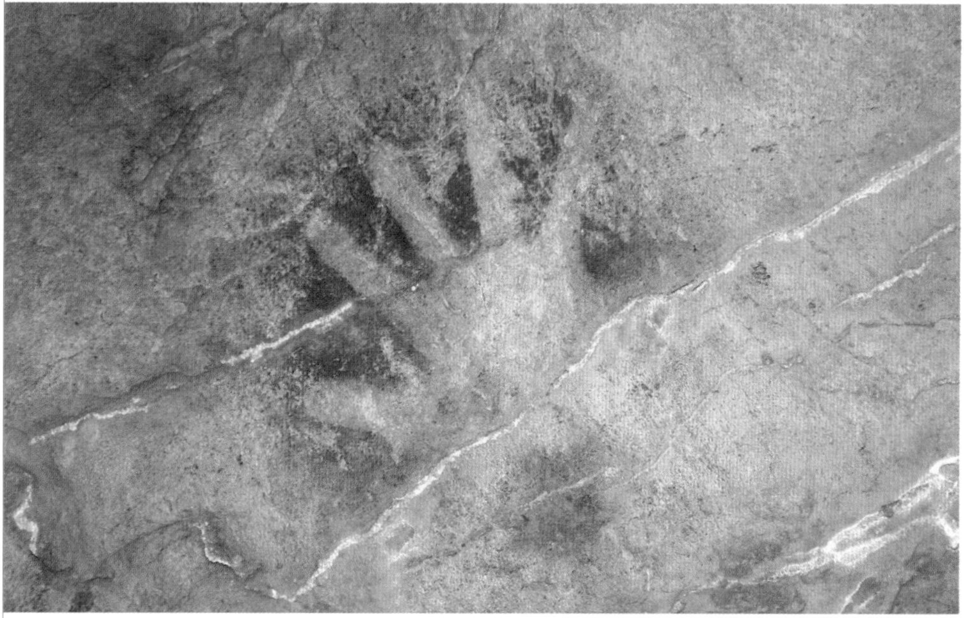

그 뒤, 스페인에 있는 동굴에서 누군가 똑같은 행동을 했습니다.

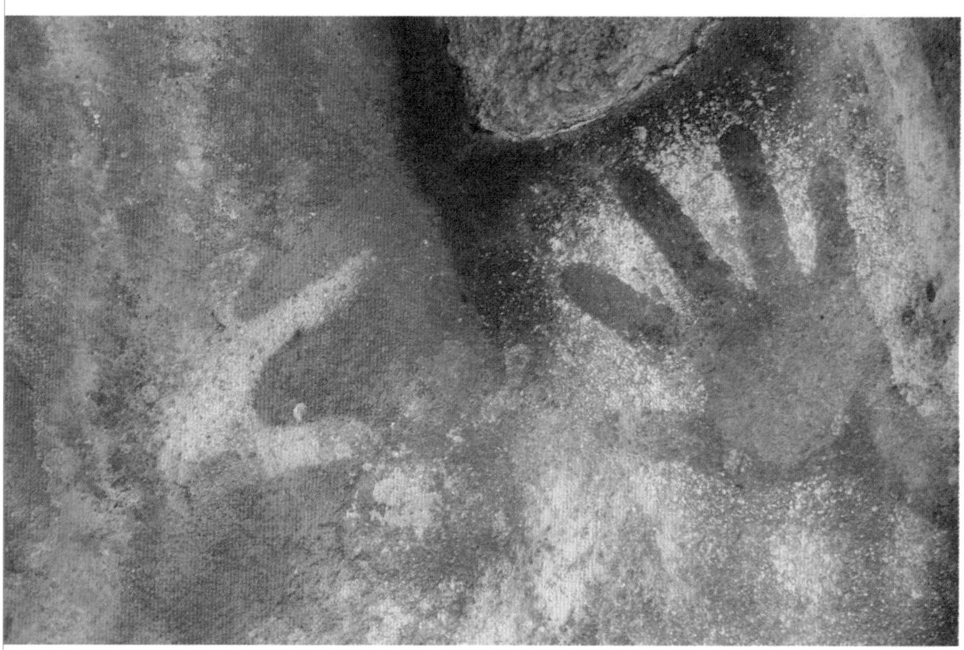

오스트레일리아에 살던 사람들도 같은 행동을 했습니다.

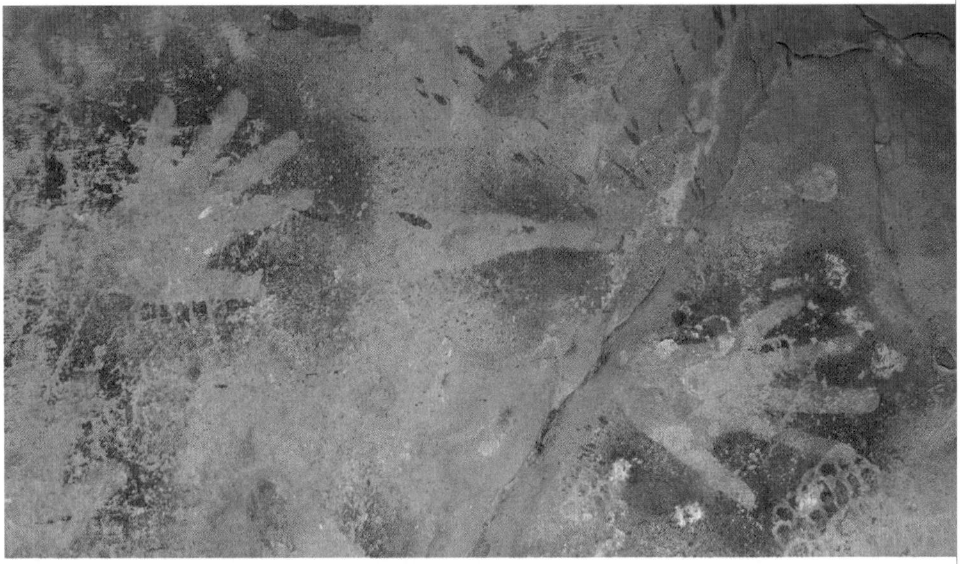

아프리카에 살던 사람들도 마찬가지고요.

최초의 아메리카인도 같은 행동을 했습니다.

우리는 언제 인간이 되었을까요? 우리가 두 발로 섰을 때일까요, 아니면 돌로 처음 도구를 만들었을 때일까요? 세계를 탐험했을 때 우리는 인간이 되었던 걸까요? 우리가 불을 다루는 법을 익혔을 때일까요, 아니면 성대를 쓰는 법을 익혔을 때일까요? 최초로 이야기를 들려주었을 때 우리는 인간이 되었던 걸까요?

이쯤 되면 인간이란 단순한 하나가 아니라는 걸 여러분이 알아챘기를 바랍니다. 인간이란 여러 능력이 별자리처럼 모인 것입니다. 그 하나하나가 우리를 만들어냅니다.

그러니 저 손도장들을 마지막으로 다시 한번 바라보세요. 저 손도장을 만든 사람들은 서로 만났던 적도 없습니다. 이들은 수천 킬로미터나 되는 숲, 사막, 사바나, 산, 정글, 바다를 사이에 두고 떨어져 있었습니다. 이들은 똑같은 말을 하지도 않았을 것이고, 똑같은 음식을 먹지도 않았을 것이고, 똑같은 옷을 입지도 않았을 것입니다. 이들은 똑같은 이야기를 들려주지도 않았을 것입니다. 그렇지만 흔적처럼 남아 있는 이 손들은 우리에게 중요한 것을 알려줍니다.

우리는 하나입니다. 하나의 종입니다. 우리를 하나로 연결하는 힘은 우리를 갈라놓는 힘보다 더 깊은 곳에 자리 잡고 있습니다.

작가의 말

인종에 관해 한마디

이 책이 인간의 진화에 관한 것인데도 제가 인종에 관해서는 한마디도 하지 않았다는 사실을 여러분은 눈치 채셨을지도 모르겠습니다. 이는 인종이 문화적 개념이지, 생물학적인 실체가 아니기 때문입니다. 그렇다고 해서 인종이 존재하지 않는다는 뜻은 아닙니다. 인종은 분명히 존재하며, 오늘날 사회에서 크나큰 역할을 합니다. 때로는 뚜렷하게 작용하고, 또 어떨 때는 은근하게 작용합니다. 그렇지만 인종은 DNA와는 무관합니다.

인종은 힘 있는 자리를 차지한 사람들이(주로 유럽 혈통의 백인인 경우가 많습니다) 억압과 차별을 정당화하고자 사람들을 분류하는 방식입니다. 그리고 인간들은 항상 '우리'와 '그들'을 구분하는 집단 정체성을 만들어냈지만, 인종차별은 그보다 한 발짝 더 나아갑니다. 인종차별은 일부 사람들을 단순히 '타자'로만 취급하는 게 아니라 '인간 이하'라는 꼬리표까지 붙입니다.

현대적인 인종 개념은 비교적 최근에 생겨난 것입니다. 초기 유럽의 과학자들과 동식물 연구자들이 종교적인 바탕에서 만들어낸 사다리에 따라 생명을 분류하려던 일과 관련이 있습니다. 이 사다리 꼭대기에는 기독교의 신이 있고, 그 아래에는 천사가, 그다음에는 백인이, 나머지 인종들은 원숭이와 유인원 바로 위에 놓여 있습니다. 이런 인종 개념은 16세기에 시작되었던 유럽의 식민주의 경향과 긴밀하게 연결되어 있습니다.

인종차별은 계속해서 존재하며, 우리가 서로 관계를 맺는 방식에도 계속 영향을 끼칩니다. 인종과 인종차별주의가 끼치는 영향 가운데는 사회적인 영향이 있습니다(사법 제도, 일자리, 주거, 교육, 보건 의료 서비스에 대한 접근이 불평등하다는 점). 다른 영향들은 생물학적입니다(인종차별이 끼치는 사회적 영향 때문에 질병 발생률과 사망률이 높아지는 점).

이런 건 사람들 사이에 나타나는 유전적인 변이형 아니냐고요? 뭐, 그렇기는 합니다. 우리가 지닌 대부분의 유전적 다양성은 대륙 하나에서 찾아볼 수 있습니다. 바로 아프리카입니다. 아프리카 **밖에서** 살아가는 사람들 모두가, 아프리카를 떠났던 아프리카인의 부분집합에서 생겨난 후손이기 때문입니다.

그래요, 그렇지만 사람들이 아프리카를 떠나온 뒤로도 유전적인 차이들이 생겨나지 않았느냐고요? 맞습니다. 이 책을 읽으며 익혔겠지만, (물리적이건 사회적이건 간에) 서로 다른 환경이 서로 다른 선택의 압력을 만들어내니까요. 그렇지만 대부분의 변이형들은 인종과 나란히 일치하지 않습니다. 그보다는 어디에서 살고 또 어떻게 생계를 꾸리는지와 일치합니다.

유당불내증이 진화한 것이 한 가지 사례입니다. 모든 포유류는 어릴 때에는 유당(젖에 들어있는 당분)을 소화할 수 있습니다. 그렇지만 동물이 성장하면 유당을 소화하는 유전자가 작동하지 않습니다. 원래는 우리 인간도 모두 그랬습니다. 그렇지만 과거 1만 년 동안, 유당을 소화하는 능력이 지구상의 최소 다섯 곳에서 독립적으로 발달했습니다. 이런 장소에서는 사람들이 소, 말, 양, 염소처럼 젖을 만들어내는 가축을 계속해서 길렀습니다.

우연히 변이가 일어나 몇몇 사람들이 나이가 들어도 계속 유당을 소화하는 유전자를 지니고 태어났던 겁니다. 이들은 평생 우유를 마실 수 있었습니다. 여러분이 가축을 기르는데 평생 유당을 소화할 수 있다면, 품질 좋은 단백질을 꾸준하게 섭취할 수 있을 겁니다. 유당을 소화할 수 있는 사람들은 힘든 시기를 넘기고 살아남을 가능성이 더 높았고, 이런 특징을 물려받은 자손들도 마찬가지였습니다. 이렇게 유용한 유전적 변이형이 가축을 기르는 인구들 사이에 퍼져나갔고, 우유라는 선물을 계속 누릴 수 있었습니다.

유당을 소화하는 능력은 북유럽, 북아시아, 북아프리카, 서아프리카, 동아프리카의 가축을 기르는 사람들 사이에서 발달했습니다. 이는 환경적 조건과 사회적 조건에 바탕을 두고 발달한 것이며, 인종과는 아무런 상관이 없습니다.

그렇다면 낫 모양 적혈구 빈혈증은 어떨까요? 낫 모양 적혈구 빈혈증은 유전적인 혈액 질환으로, 주로 아프리카 출신 사람들에게 나타납니다. 특히 조상이 노예가 되어 서아프리카에서 미국으로 끌려왔던 미국계 아프리카인에게서 많이 보입니다. 많은 사람들은 이 질병이 인종과 관련이 있을 것이라 간주합니다. 그렇지만 흑인이라고 해서 낫 모양 적혈구를 지니는 건 아닙니다. 낫 모양 적혈구라는 특성은 농부로 일했었고(일반적으로는 서아프리카 농부들입니다) 또 동시에 말라리아에 주기적으로 노출되었던 아프리카 출신 사람들에게서 발견됩니다. 농부들은 한곳에 정착해서 사는 편입니다. 그리고 농사를 지으면 말라리아를 옮기는 모기가 번식할 만한 환경이 생겨나게 마련입니다(배수로, 작은 물웅덩이 등). 낫 모양 적혈구는 말라리아를 막아주는 특성이었습니다. 그래서 본래의 환경에서는 단점보다는 생존을 도와준다는 장점이 더 컸습니다. 낫 모양 적혈구 빈혈증은 유목 생활을 하며 고도가 높고 건조한 지역에서 살아가는 동아프리카의 마사이족

사이에서는 보기 드문 질병입니다.● 그리고 말라리아가 골칫거리인 남유럽과 남아시아의 일부 지역에서도 낫 모양 적혈구 빈혈증의 발생률이 높습니다. 피부색은 전혀 관련이 없습니다.

잊지 마세요. 인구는 고정되어 있지 않습니다. 제국이 흥망성쇠하고, 노예를 인신매매하고, 식민지가 생겨나는 역사적인 시기를 거치며 오랫동안 떨어져 있던 사람들이 다시 섞이는 결과를 낳았습니다. 그리고 이 책을 읽으며 깨달으셨을 테지만, 우리 인간들은 지구에 나타난 그 순간부터 계속 움직이고, 뒤섞이고, 짝짓기를 했습니다. (그때나 지금이나) 다른 호미닌 종과 짝짓기하는 것도 포함해서 말이죠. '인종적 순수성'이란 만들어진 신화입니다. '종 순수성'조차 만들어진 신화고요.

그렇지만 전 세계 서로 다른 곳에서 온 사람들은 한눈에 알아볼 수 있는 신체적인 차이가 있지 않느냐면서 여러분들은 여전히 뜻을 꺾지 않을지도 모릅니다. 스스로 이런 질문을 한번 던져보세요. 지구를 찾아온 외계인 과학자들은 그런 차이를 놓고 어떻게 생각할까요? 늑대들 사이에 털 색깔이 다른 것이나 우리가 지닌 차이점이 별다를 것 없다고 생각하지 않을까 싶습니다. 우리 인간은 영장류입니다. 시각이 대단히 발달하고, 또 대단히 사회적인 생물입니다. 우리는 시각적 정보에 많이 의존합니다. 그리고 다른 사람들의 얼굴에 특히나 주의를 기울이도록 진화했습니다. 이런 경향은 사소한 신체적인 차이도 실제보다 더 중요하게 느껴지도록 만듭니다. 인종차별은 바로 그런 경향을 이용하고 과장하는 것입니다.●●

● 그리고 조금 다른 얘기지만, 소의 젖을 마시는 마사이족은 유당을 소화하는 능력이 독일인들만큼 좋습니다.

●● 만약 늑대들이 다른 늑대를 차별한다면, 아마도 냄새를 근거로 할 겁니다. 만약 돌고래가 다른 돌고래를 차별한다면, 아마도 반향 위치 측정으로 얻은 정보를 바탕으로

인종은 인간의 유전적 다양성을 살펴보기에 과학적으로 유용한 방식이 아니지만, 그렇다고 해서 과학에 인종차별적 편견이 없는 건 아닙니다. 어떤 사회 안에서 성장한다는 건 그 사회의 편견을 흡수한다는 뜻입니다. 과학자들이 인종차별에 면역력을 갖도록 만들어주는 백신은 없습니다. 19세기 우생학 운동은 백인이 아닌 사람처럼 '바람직하지 않은' 사람들이 번식하지 못하도록 막으면 인류가 '발전할' 것이라는 잘못된 관념을 부추겼습니다. 이는 과학(또는 유사 과학)이 인종차별을 부추기는 데 쓰인 여러 사례 중 한 가지에 불과합니다.

과학자들이 **할 수 있는** 것은 바로 자신들이 지닌 가장 강력한 도구, 즉 이성과 근거를 사용해 인종차별이 인간의 건강과 안녕에 어떤 영향을 끼쳤는지를 기록하는 일입니다. 특히 암묵적인 인종적 편견에 관한 연구는 우리가 인종차별에 대응하는 법을 알려줍니다. 또 과학자들은 과학계 안에 있는 암묵적인 인종적 편견을 인정하고, 이런 암묵적인 인종적 편견이 노동과 일터에 끼치는 영향을 최소화하도록 노력할 수 있습니다. 버클리에 있는 캘리포니아대학교 통합생물학과 교수 타이런 헤이스는 동료 과학자들에게 이렇게 일깨워줍니다. "인종차별 반대는, 그리고 인종차별에 맞서는 싸움은 집에서 시작한다는 걸 기억하십시오."

진화에 관해 몇 마디 더

자연선택이 진화를 일으키는 주된 '엔진'이기는 하지만, 진화는 다른 방식으

할 겁니다. 그렇지만 늑대와 돌고래는 차별 따위는 하지 않는 훨씬 좋은 생물일 거라고 생각하고 싶네요.

로도 일어납니다. 이와 같이 다른 진화 과정으로는 성 선택(사실은 짝짓기 상대를 고르는 것까지도 포함하는, 자연선택의 특별한 하위 분야입니다), 유전적 부동, 수평적 유전자 이동, 유전체의 드 노보de novo변화가 있습니다.

성 선택은 '더 까다로운' 성별이(주로 암컷입니다) 적어도 언뜻 보기에는 '진화에 적합한가'와 아무런 관련이 없는 것 같은 특성에 바탕을 두고 짝짓기 상대를 결정할 때 일어납니다. 성 선택은 우스꽝스러울 정도로 커다란 수컷 공작의 꼬리와 같이 유별난 특성을 만들어냈습니다. 그렇지만 다시 자세히 들여다보면, 성 선택은 희한하게도 아주 실용적입니다. 여러분이 수컷 공작이라면 그렇게 불필요하고도 풍성한 깃털을 길러내려면 신체 상태가 아주 좋아야 할 것입니다(음식을 잘 먹고, 질병이 없고 등등). **"이건 단순한 꼬리가 아니라고. 그 아래 깔려 있는 내 놀라운 모습을 알려주는 신호야. 날 고르라니까, 자기야!"**

유전적 부동은 어떤 면에서 본다면 자연선택과 정반대입니다. 자연선택은 무작위로 일어나는 게 아니지만(그래서 **선택**이라는 단어를 썼습니다), 유전적 부동은 완전히 무작위적인 사건이 종의 진화에 영향을 끼칠 때 일어납니다. 유전자 부동은 작은 집단 안에서 가장 흔하게 일어납니다.

큰 섬에서 작은 섬으로 사슴 6마리가 헤엄을 쳐서 갔다고 쳐봅시다. 큰 섬에는 화산이 있는데, 이 화산이 폭발해서 그 섬에 살던 사슴들을 모두 없애고 맙니다. 앞으로 이 사슴 종은 어쩌다 우연히 작은 섬에 살게 된 사슴 6마리의 후손들만 남게 될 겁니다. 작은 섬에 있는 사슴 6마리에게 없는 유전적인 변이는 완전히 사라진 것입니다. 이 변이형이 선택받지 못해서가 아니라, 우연히 사라져버렸기 때문입니다. 이것이 유전적 부동을 통해 진화가 일어나는 방식입니다(유전적 부동을 떠올릴 때면 저는 뗏목을 타고…… 물살에 떠밀려 가다가…… 살아남은 이들을 상상합니다).

수평적 유전자 이동은 마치 SF 같기도 하고, 진화 분야에서 최첨단에 있는 방식입니다. 과학자들은 종들 사이에서 직접 전달되는 유전자가 있다는 증거를 발견했습니다. 때로는 아주 아주 먼 관계에 놓인 종들 사이에서도요.

일반적으로 유전자는 부모에서 자손으로, 시간의 흐름에 따라 수직적으로 이동합니다. 수평적 유전자 이동은 유전자 물질 일부가 한 생물체에서 완전히 종류가 다른 생물체에게로 이동합니다. 예를 들어, 과학자들은 수평적 유전자 이동을 통해 미생물에게서 얻은 것이 확실한 유전자를 인간에게서 발견했습니다. 수평적 유전자 이동은 진화 과정에 큰 영향을 끼쳤을까요, 보통 정도의 영향을 끼쳤을까요, 아니면 적은 영향을 끼쳤을까요? 아직은 아무도 모릅니다.

드 노보 유전적 변화는 수평적 유전자 이동보다 훨씬 더 SF 같은 느낌이 듭니다. 드 노보 진화에는 정크, 즉 '쓰레기' DNA가 들어갑니다. 정크 DNA는 우리 유전체 안에서 삐어 나온 것으로, 아무것도 만들어내지 않는 것처럼 보입니다. 드 노보 진화가 일어나면 바로 이 정크 DNA들이 스스로 모여서 제 역할을 하는 유전자가 됩니다. 마치 부엌에서 잡동사니를 넣어 두는 서랍을 열었는데, 희한하게 생긴 숟가락과 휘어진 포크가 스스로 결합해서 샐러드용 집게가 만들어진 것과도 같습니다.

피시앤드칩스를 만드는 데 쓰이는 생선인 대구 종류의 혈액 속에는 부동액이 들어 있어서, 북극 바다에서도 물고기가 얼지 않도록 해줍니다. 이런 부동액을 만들어내는 유전자는 정크 DNA에서 생겨난 것으로 보입니다(결국에는 전혀 쓰레기가 아닌 것으로 판명이 났지요). 드 노보 유전적 변화에 관해서 아직 확실히 확인된 내용이 없지만 과장은 전혀 아닙니다.

진화란 시간이 흐르면서 집단이 변한다는 의미입니다. 개체가 달라지는 게 아닙니다. 진화에 관해 얘기할 때 훨씬 더 구체적으로 설명을 해야 합니다. "마운틴고릴라는 털을 굵고 빽빽하게 자라게 해서 고도가 높은 지역에 있는 서늘한 숲에서 살아가는 데 적응했다"라고 얘기하면, 마치 영특한 마운틴고릴라 한 마리가 털이 자라게 내버려두기로 결정한 것처럼 들립니다. **아닙니다**. 개별 마운틴고릴라는 털 굵기에 관한 어떤 정보가 유전자에 담겨 있건 간에 있는 그대로 살아가거나 죽습니다. 굵은 털이 생존하고 번식하는 데 긍정적인 영향을 끼친다면, 세대를 거칠수록 굵은 털 유전자가 마운틴고릴라 집단 사이에 퍼져나갈 가능성이 큽니다. 자연선택으로 이뤄지는 진화에서는 개체가 아니라 **집단**이 환경에 적응하는 것입니다.

진화는 도덕적 가치를 내세우지 않습니다. 어떤 사람들은 자연선택을 거쳐 진화하는 것이 '자연스럽다'고 해서, '적자생존'이라는 관념을 인간 사회를 운영하는 모델로 삼아야 한다고 생각합니다(항상 이런 생각을 퍼뜨리려는 사람들이 스스로를 '적자'라고 여긴다는 건 그저 우연일 뿐이겠지요?).

자연스럽다는 말이 반드시 '좋다'거나 '바람직하다'는 의미는 아닙니다. 초기 인간 사회에서는 태어나는 아이들 절반이 질병이나 영양실조로 죽거나, 대부분의 성인이 나이 마흔에 이르기도 전에 생을 마감하는 것이 완전히 자연스러운 일이었습니다. 우리가 이런 식으로 병원을 운영해야 한다고 생각하는 사람이 과연 있을까요?

자연선택을 거치며 진화하는 일은 도덕적이지도 않고, 비도덕적이지도 않습니다. 중력이나 자성, 그 밖에 다른 어떤 자연적인 힘이 그러하듯, 이런 진화 역시 도덕성과는 아무런 관련이 없습니다. 이미 아시다시피, 자연스러운 진화 과정을 거치며 우리가 도덕적인 결정을 내리고 좋은 사회를 만들어가는 방법을 판단할 수 있는 뇌를 갖추게 된 것은 맞습니다.

진화는 진보나 완벽함과는 관련이 없습니다. 진화는 특별한 목적이 없습니다. 최종 단계가 없습니다. 아시아 대륙을 들이받았던 지각이 히말라야산맥을 만들어내려던 의도가 없었던 것처럼, 진화는 우리를 만들어내려던 의도가 없었습니다. 생명의 나무는 정말로 크고 무성한 나무여서, 가장 높은 단계로 득의양양하게 이어지는 사다리 같은 걸 우리에게 내려주지는 않습니다. 진화는 우리를 만들어냈지만, 진화가 **우리를 위한 일은** 아닙니다. 우리가 살아왔고, 애를 썼고, 죽어갔고, 또 운이 좋았던 것이죠. 공룡과는 달리 우리는 이 행성을 뒤바꾸는 재앙을 마주할 일도 없었습니다.●

진화가 진보나 완벽함을 만들어내려고 노력하는 건 아니지만, 진화의 창조적인 힘은 여전히 놀랍습니다. 진화가 어떤 원리로 일어나는지를 가장 처음 파악한 과학자인 찰스 다윈은 크고 무성한 생명의 나무에 경탄했습니다. 다윈은 이렇게 적었습니다. "이 행성은 확고한 중력의 법칙에 따라 순환하는 동안, 너무나 단순한 데서 시작해 가장 아름답고도 놀라운 것들을 끊임없이 만들어왔고, 또 지금도 진화가 일어나고 있다."●●

화석, 인공물, 기후 변화의 시기를 추정하는 일에 관해 몇 마디 더

화석은 오래전에 죽은 생물의 흔적입니다. 뼈와 치아는 동물 몸에서 가장 단단한 부위입니다. 그래서 오랫동안 남아 있을 가능성이 제일 높습니다.

● 기후 변화와 야생 동물 소비(야생 동물을 소비하면 새로운 바이러스가 인간 집단에게 건너오게 됩니다) 틈에서 지금 살아남으려 하고는 있지만요.

●● 지금이 쏘가리, 금게, 갯민숭달팽이에 관한 인터넷 검색을 해보기 딱 좋은 때입니다. **특히** 갯민숭달팽이에 관해서요.

이스라엘(중동)에서 발견된 성체 수컷 네안데르탈인. 과학자들은 방사성 연대 측정법을 활용해 이 네안데르탈인이 약 6만 년 전에 살았다는 결론을 내렸다.

결국에는 박물관에까지 전시될 정도로요. 화석의 연대는 주로 화석이 발견된 지층의 나이를 계산해 추정합니다. 예를 들어, 화산이 폭발해서 만들어진 어떤 광물에는 잘 알려져 있는 비율에 따라 줄어드는 방사성 물질이 들어 있습니다. 이와 같은 방사성 층을 파악하고, 화석이 그런 방사성 층 위에서, 아래에서, 또는 사이에서 발견되었는지를 확인하면 과학자는 화석이 만들어진 시기를 계산할 수 있습니다.

살았던 시기가 더 잘 알려져 있는 다른 종의 화석과 함께 발견되는 경우 곁에 있던 화석의 연대도 추정할 수 있습니다. 하이에나 뼈와 함께 발견된 호미닌 화석은 기존에 알려져 있는 그 하이에나 종이 살았던 시기보다 더 이른 시기의 것도, 더 늦은 시기의 것도 아닐 것입니다.

시기가 얼마 안 지난 화석이라면 직접 연대를 파악할 수도 있습니다. 동물이나 식물이 성장하면 그 조직에 탄소14라는 특별한 형태의 탄소가 생겨납니다. 그리고 동물이 죽으면 조직에 들어 있던 탄소14가 줄어들기 시작합니다. 약 6만 년 전까지의 화석은 이런 방사성 탄소 측정법을 사용해 연대를 추정할 수 있습니다. 이보다 더 오래된 화석은 탄소14가 너무 많이 줄어들어서 불가능합니다.

도구나 장신구 같은 인공물은 시기를 어떻게 추정할까요? 대개는 화석과 똑같은 방식으로 추정합니다. 이런 물건이 발견된 지층의 나이를 파악해서 말이죠. 만약 나무로 만든 창의 손잡이처럼 유기물로 이뤄진 인공물이라면, 나무의 연대를 측정하는 데 방사성 탄소 측정법을 이용할 수 있습니다. 동굴 그림의 연대는 그림을 그리는 데 사용한 석탄 일부를 채취해서 추정해볼 수 있습니다. 어느 때는 방해석 침적물이 동굴 그림의 일부를 덮고 있기도 합니다. 그러면 방해석에 들어 있는 약간의 우라늄으로 방사성 붕괴를 확인해 연대를 추정할 수 있습니다. 예를 들어, 그림 위에 덮인 방해석 침적물이 4만 년 전 것이라면, 그 밑에 있는 그림은 결코 그 이후 시기의 그림이 아닐 것입니다.

'분자 시계'는 서로 다른 종들이 언제 등장했는지를 파악하는 흥미로운 방법입니다. 모든 동물에게는 일정한 비율에 따라 변형되는(바뀌는) 특정한 분자가 있습니다. 서로 종이 다른 동물들이 가지고 있는 이 분자의 구조를 비교하면, 과학자들은 이 두 종의 마지막 공통 조상이 언제 살았는지를 추측할 수 있습니다.

DNA 분석은 두 종이 어떤 관계를 맺는지를 훨씬 더 자세하게 알려줄 수 있습니다. 현재 40만 년 전 호미닌의 DNA를 성공적으로 추출해 분석

했습니다. 아마도 기술이 발전할수록 이보다 더 오래된 뼈들도 비밀을 드러낼 것입니다.

오래전에 사라진 종들의 관계를 연구하는 최신 접근법은 바로 단백질 유전 정보학입니다. 여기서는 오래전 단백질을 분석해 종 사이에서 비교합니다. 단백질은 DNA보다 견고하기 때문에, 이제는 더 이상 파악할 수 없는 DNA1을 지닌 화석에도 이 기술을 활용할 수 있습니다. 190만 년 전 '우키'의 치아(83쪽에서 언급했던 기간토피테쿠스 블라키입니다)에도 단백질 분석을 성공적으로 적용해 이 종이 지금의 오랑우탄과 관련이 있다는 사실을 밝혀냈습니다. 이 기술은 분명 오래전 우리 조상에 관한 새롭고 중요한 정보로 안내해줄 것입니다.

이 책을 읽으며 알게 되었을 테지만, 인간의 진화는 기후가 널을 뛰듯 변화하는 것과 관계가 깊었을 것입니다. 과학자들은 기후 변화가 호수와 대양의 침전물에, 빙하와 대륙 빙하에, 나무의 나이테에, 산호에, 동굴에 남겨둔 감출 수 없는 흔적을 조사해서 오래전 기후를 연구합니다. 다양한 식물 화석(씨앗과 꽃가루도 포함해서요)과 동물 화석이 있는지 또는 없는지도 이 생물들이 살았던 시기의 기후에 관해 무언가를 알려줍니다. 그리고 오래전 뼈에 담겨 있는 화학물질의 균형을 보면 식습관을 유추할 수 있습니다. 식습관은 서식지에 따라 결정되고, 서식지는 기후에 따라 결정되니까요.

오래전 호미닌들, 그리고 이들이 살았던 세상에 관해 아직 우리가 모르는 점들이 많습니다. 우리를 깨우쳐줄 화석을 더 많이 발견해야 하고, 더 많은 기술이 생겨나야 합니다. 이 책을 읽는 여러분들 가운데 누군가가 자신만의 놀라운 발견을 해내며 인간 진화 연구에 기여하기를 바랍니다.

용어 설명

DNA 데옥시리보핵산을 짧게 줄여 부르는 말로, DNA란 유기체의 유전 정보를 담고 있으며 스스로 복제되는 분자이다.

FOXP2 언어 능력에 영향을 끼치는 것으로 보이는 유전자.

가르침(과학적 정의) 한 개체에서 다른 개체로 기술을 전달하는 방식. 이때 가르치는 개체는 비용을 치르지만, 배우는 개체는 이득을 얻는다는 점이 특징이다.

가설 근거에 바탕을 둔 잠정적인 결론 또는 제시된 설명.

공막 인간의 안구에서 하얀 부분.

눈빛 신호 눈의 움직임을 활용해 다른 사람의 주의를 끄는 능력.

대형 유인원 크기가 큰 유인원 종. 현재 살아 있는 대형 유인원으로는 오랑우탄, 고릴라, 침팬지, 보노보, 인간이 있다.

덩이줄기 땅 아래에 영양분을 저장하는 식물의 특정 부분.

도구(과학적 정의) 다른 대상을 조작하고자 사용하는 독립적인 물체.

로메크위 도구 발견 장소인 케냐의 로메크위 지역 이름을 본떠 이름을 붙인, 아주 초기의 돌 도구(330만 년 전).

면역 체계 유기체가 질병에 맞서 싸울 수 있도록 돕는 세포, 조직, 기관이 이루는 생물학적 네트워크.

사바나 열대 또는 아열대 지방의 초원지대.

상징 다른 무언가를 대표하는 것.

상징적 의사소통 상징을 활용해 간접적으로 정보를 전달하는 일.

설골 목구멍에 있는 가느다랗고 휘어진 뼈이며, 인대와 근육에 연결되어 있고, 인간이 소리를 내는 데 중요한 역할을 한다.

아슐리안 도구 180만 년쯤 전에 탄생한 이 도구들은 양쪽을 날카롭게 떼어냈고, 주로 물방울 모양으로 만들어졌다.

열곡 광범위한 지질학적 단층 안에서 지층을 따라 땅이 길게 움푹 팬 지대로, 주로 경사면이 가파르다.

영장류 원숭이, 유인원, 여우원숭이, 로리스원숭이, 안경원숭이를 포함하는 포유류의 하위

분류.

오커 노란색부터 짙은 적갈색까지, 다양한 흙 색깔을 지니는 천연 광물.

올도완 도구 단순한 주먹도끼, 긁개, 몽둥이로 이뤄진 아주 초기(260만 년 전부터 시작)의 도구 기술.

요리 가설 불로 음식을 익히는 기술이 초기 인간의 진화에 끼친 영향에 관해 과학자 리처드 랭엄Richard Wrangham이 제시한 설명이다.

유령 인구 유전적 증거는 있으나, 화석 같은 물리적 증거는 없는 인구.

유전자 DNA에서 유전 단위 역할을 하는 특정한 부분. 유전자는 주로 특정한 단백질을 만드는 방법을 담고 있다.

유전적 다양성 집단 안에 있는 모든 다양한 유전자의 총합.

유전적 형질 유전자를 통해 드러나는 유기체의 특성.

유전체 한 유기체가 지니고 있는 유전자 전체.

이론(과학적 정의) 광범위한 사실과 관측과 관련된, 충분히 숙고되고 받아들여진 설명. 과학적 이론이란 검증된 예측 능력을 지니고 있고, 실험과 관찰을 통해 반복적으로 확인된 것이며, 새로운 조사와 관찰에 영감을 불어넣는다.

자연선택 환경의 압력을 받아 번식 결과가 달라지는 과정. 시간이 흐를수록 가장 유용한 유전적 형질이 집단 내로 퍼져나간다. 자연선택은 진화를 일으키는 주된 요인으로 여겨진다.

잡종 서로 가까운 관계를 맺고 있는 종 사이에서 교배가 일어나 생겨난 유기체.

종 분화 진화 과정을 거쳐 새로운 종이 만들어지는 일.

진화 살아 있는 유기체 집단이 시간이 흐르면서 변화하는 일.

채취 약탈자 영양가가 높지만 접근하기 어려운 먹을거리를 얻는 방법을 찾아내며 생존하는 종.

포유류 척추동물(등뼈가 있는 동물)의 과학적 하위분류. 모든 포유류는 털이나 머리카락이 있으며, 젖을 먹여 새끼를 기른다.

호미닌 인간과 인간의 모든 조상 종. 인간과 침팬지, 보노보의 마지막 공통 조상 이후에 멸종한 가까운 친척 종도 포함한다. '호미닌'과 '호미니드'라는 용어가 자주 혼동된다. 호미니드는 호미닌을 비롯해 살아 있거나 멸종한 대형 유인원 친척들을 모두 포함하는 말이다. 즉 기간토피테쿠스 블라키(멸종한 우키), 지금의 보노보, 침팬지, 고릴라, 오랑우탄이 포함된다.

화석 과거에 살았던 유기체의 흔적이 보존되어 있는 것.

연대표

700만~520만 년 전 최초의 호미닌(사헬, 오로린, 카다바). 똑바로 선 자세의 흔적.

450만 년 전 아르디(아르디피테쿠스 라미두스). 완전히 똑바로 일어섬.

420만 년 전 가장 이른 시기의 오스트랄로피테쿠스.

340만 년 전 뼈에 남아 있는 자른 흔적. 호미닌이 도구를 사용했다는 가장 이른 시기의 증거.

330만 년 전 알려진 것 가운데 가장 이른 시기의 돌 도구(로메크위).

320만 년 전 루시(오스트랄로피테쿠스 아파렌시스).

300만 년 전 오스트랄로피테쿠스가 사는 곳으로 마카판스가트 조약돌이 옮겨짐.

260만 년 전 가장 이른 시기의 올도완 도구.

240만 년 전 가장 이른 시기의 호모 하빌리스.

200만 년 전 가장 이른 시기의 에렉투스(에렉투스 가운데 가장 유명한 표본인 나리오코토메 소년은 160만 년 전의 것이다).

180만 년 전 최초의 아슐리안 주먹도끼. 동유럽에 살던 에렉투스가 최초로 아프리카 밖에서 생활한 호미닌으로 알려짐.

160만 년 전 호미닌이 불을 사용했다는 최초의 증거. 이 시기 호모 하빌리스가 멸종함.

150만 년 전 에렉투스가 동남아시아에 이름.

120만 년 전 이 무렵 (건장한 오스트랄로피테쿠스를 비롯해) 모든 오스트랄로피테쿠스가 멸종함.

70만 년 전 가장 이른 시기의 하이델베르크인. 가장 이른 시기의 플로레스 섬 호빗. 불로 음식을 조리하고 모닥불을 보살폈다는 증거(이스라엘에서 발견).

50만 년 전 동남아시아에서 에렉투스가 홍합 껍데기에 조각을 새김.

43만 년 전 가장 이른 시기의 네안데르탈인.

40만 년 전 가장 이른 시기의 데니소바인. 일상적인 불 사용.

30만 년 전 가장 이른 시기의 호모 사피엔스와 최초의 창(네안데르탈인이 만든 것).

20만 년 전 해부학적으로 보아 최초의 현생 호모 사피엔스. 최초로 아프리카를 벗어나 남부 유럽과 중동으로 이동. 이 최초의 이주자들은 모두 멸종한 것으로 보임.

17만6500년 전 유럽의 동굴 깊은 곳에 네안데르탈인이 석순으로 원을 만듦. 아마도 상징적인 의미가 있는 것으로 보임.

13만5000년 전 북부 아프리카와 중동에서 발견된 조개로 만든 최초의 구슬.

11만 년 전 에렉투스가 멸종함.

10만 년 전 호모 사피엔스가 두 번째로 아프리카 밖으로 이동함. 일부 호모 사피엔스가 중동에서 네안데르탈인과 짝짓기를 함.

8만 년 전 아시아에서 일부 호모 사피엔스가 데니소바인과 짝짓기를 함.

7만 년 전 호모 사피엔스가 동남아시아에 이름.

6만7000년 전 가장 이른 시기의 루손 섬 호빗.

6만5000년 전 호모 사피엔스가 오스트레일리아에 이름.

6만4000년 전 최초의 동굴 벽화. 네안데르탈인이 스페인에 있는 동굴을 장식함.

5만 년 전 플로레스 섬 호빗과 루손 섬 호빗이 멸종함.

4만6000년 전 호모 사피엔스가 유럽에 이름.

4만4000년 전 이야기를 묘사한 최초의 예술 작품이 동남아시아의 레앙불루시퐁 4번 동굴에 그려짐.

4만 년 전 네안데르탈인이 멸종함. 유럽에서 '사자 인간' 조각상을 만듦.

3만4000년 전 유럽에서 쇼베 동굴에 그림을 그림.

2만 년 전 호모 사피엔스가 아메리카 대륙에 이름.

1만6000년 전 유럽에서 라스코 동굴의 '갱도 장면'을 그림.

1만5000년 전 데니소바인이 멸종함. 호모 사피엔스가 지구에 남은 유일한 호미닌 종이 됨.

조금 더 완전한 호미닌 가족 목록

과학자들은 화석 기록을 어떻게 해석할 것인가를 놓고 다른 의견을 내놓는 경우가 많습니다. 뼈 무더기 하나가 서로 다른 종들의 뼈일 수도 있고, 한 종에서 흔히 나타나는 변이형을 드러낼 수도 있습니다. 어떤 종이건 개체마다 크기와 생김새가 다르니까요. 어떤 과학자들은 '세분파'입니다. 이들은 화석 표본들을 정교하게 구분하는 편을 좋아합니다. 그래서 하나의 표본에 고유한 종 이름을 붙이는 경우가 많습니다. 또 어떤 과학자들은 '병합파'입니다. 병합파 과학자들은 표본을 되도록 적은 수의 종으로 분류하는 쪽을 선호합니다.

저는 병합파 편에 섰습니다. 제 독자인 여러분들이 종 이름 수십 개를 놓고 갈팡질팡하기보다는 인간의 진화 전반에 초점을 맞추면 좋겠습니다. 등장인물이 적으면 이야기를 따라가기가 더 수월하니까요.

제가 이 글에서 언급하지 않았던 호미닌 종의 이름을 여러분들이 듣게 될 경우를 대비해서, 인간의 진화를 다룬 다른 책에서 마주칠 수도 있을 만한 여러 종 이름들을 목록으로 엮어보았습니다. 굵은 글씨로 표시한 종들이 이 책에서 다룬 종들입니다.

아주 초기의 호미닌

사헬란트로푸스 차덴시스('사헬'): 700만~600만 년 전, 중북부 아프리카.

오로린 투게넨시스('오로린'): 620만~560만 년 전, 동부 아프리카.

아르디피테쿠스 호미닌

아르디피테쿠스 카다바('카다바'): 580만~520만 년 전, 동부 아프리카.

아르디피테쿠스 라미두스('아르디'): 450만~430만 년 전, 동부 아프리카.

오스트랄로피테쿠스 호미닌

오스트랄로피테쿠스 아나멘시스: 420만~380만 년 전, 동부 아프리카.

오스트랄로피테쿠스 바렐그하자리: 360만~300만 년 전, 중북부 아프리카.

오스트랄로피테쿠스 아파렌시스('루시'): 370만~300만 년 전, 동부 아프리카.

오스트랄로피테쿠스 아프리카누스: 330만~200만 년 전, 남부 아프리카.

오스트랄로피테쿠스 세디바: 200만 년 전, 남부 아프리카.

파악하기 어려운 호미닌

케냔트로푸스 플라티오푸스: 350만~330만 년 전, 동부 아프리카.

안타깝게도 훼손된 두개골 딱 한 개만 발견되었습니다. 어떤 과학자들은 이 두개골 주인이 별개의 종이라고 생각합니다. 다른 과학자들은 오스트랄로피테쿠스 아프리카누스의 표본이라고 생각하고요.

건장한 오스트랄로피테쿠스 호미닌

파란트로푸스 아에티오피쿠스: 270만~230만 년 전, 동부 아프리카.

오스트랄로피테쿠스 가르히: 250만~230만 년 전, 동부 아프리카.

파란트로푸스 보이세이: 230만~140만 년 전, 동부 아프리카.

파란트로푸스 로부스투스: 210만~120만 년 전, 남부 아프리카.

이 종들을 일반적으로 '건장한 오스트랄로피테쿠스'라 일컫는 까닭은 다부진 몸, 그리고 둔중한 이와 턱 때문입니다.

하빌리스 호미닌

호모 하빌리스('손쓴사람'): 240만~160만 년 전, 동부 및 남부 아프리카.

호모 루돌펜시스: 190만 년 전, 동부 아프리카.

호모 루돌펜시스는 두개골 화석 단 하나로 확인한 종입니다. 어떤 과학자들은 이를 호모 하빌리스의 변이형이라 여기지만, 또 어떤 과학자들은 뇌가 더 크고 얼굴이 더 편평한 것으로 보아 다른 종으로 구분해야 한다고 주장합니다. 파악하기 어려운 케냔트로푸스 플라티오푸스의 후손일지도 모르죠.

에렉투스 호미닌

호모 게오르기쿠스: 180만 년 전, 중부 유럽.

호모 에르가스테르: 190만~150만 년 전, 동부 아프리카.

호모 에렉투스('에렉투스', '나리오코토메 소년'이라고도 함): 200만 년 전에서 11만 년 전, 아프리카, 아시아, 동부 유럽.

어떤 과학자들은 이 종들을 모두 호모 에렉투스로 묶으려 하지만, 또 어떤 과학자들은 중부 유럽과 아프리카에서 발견한 비교적 오래된 화석들은 고유한 종으로 분류해야 한다고 생각합니다.

아직 파악하기 어려운 또 다른 호미닌

호모 안테세소르: 120만~78만 년 전, 유럽.

어떤 과학자들은 스페인에서 발견된 화석 무리는 별개의 종이며, 다른 이름을 붙여 주어야 한다고 생각합니다. 또 어떤 과학자들은 이 표본을 호모 에렉투스나 호모 하이델베르겐시스로 분류해야 한다고 생각합니다.

호빗 호미닌

호모 플로레시엔시스('플로레스 섬 호빗'): 70만~5만 년 전, 동남아시아.

호모 루조넨시스('루손 섬 호빗'): 6만7000~5만 년 전, 동남아시아.

하이델베르겐시스 호미닌

호모 하이델베르겐시스('하이델베르크인'): 70만~20만 년 전, 아프리카, 아시아, 유럽.

아직 파악하기 어려운 또 다른 호미닌

호모 날레디: 33만5000~23만6000년 전, 남부 아프리카.

이 호미닌은 호빗만큼이나 유별납니다. 어떤 특징을 보면(침팬지와 같은 뇌 크기, 어깨, 흉곽) 오스트랄로피테쿠스와 닮았지만, 다른 특징(손과 발)을 보면 현생 인류와 더 가깝습니다. 어쩌면 (아주 가까스로겠지만) 초기 호모 사피엔스와 시기가 겹쳤을지도 모릅니다.

인간과 인간의 형제 종

호모 네안데르탈렌시스('네안데르탈인'): 43만~4만 년 전, 유럽, 중동, 중앙아시아.

데니소바인: 40만~1만5000년 전, 중앙아시아. 동남아시아에도 살았던 것으로 추정 (데니소바인은 아직 공식 명칭이 없음).

호모 사피엔스(가서 거울을 들여다보세요): 30만 년 전~현재, 지구 거의 전역. 우리 가운데 몇 사람은 달까지 갔죠.

추천 도서와 웹사이트

추천 도서

Berger, Lee R., and Marc Aronson, *The Skull in the Rock: How a Scientist, a Boy, and Google Earth Opened a New Window on Human Origins*, Washington, DC: National Geographic, 2012.

Coyne, Jerry A, *Why Evolution Is True*, New York: Penguin, 2010 (제리 코인, 《지울 수 없는 흔적: 진화는 왜 사실인가》, 을유문화사).

Diamond, Jared, *The Third Chimpanzee for Young People: On the Evolution and Future of the Human Animal*, New York: Seven Stories Press, 2014 (제러드 다이아몬드, 《왜 인간의 조상이 침팬지인가》, 문학사상사).

Potts, Richard, and Christopher Sloan, *What Does It Mean to Be Human?*, Washington, DC: National Geographic, 2010 (리처드 포츠, 크리스토퍼 슬론, 《인간이 된다는 것의 의미》, 주류성).

Roberts, Alice, *Evolution: The Human Story* 2nd ed. New York: DK, 2018.

Thimmesh, Catherine, *Lucy Long Ago: Uncovering the Mystery of Where We Came From*, Boston: Houghton Mifflin Harcourt, 2009.

온라인 자료

'인류의 기원에 관한 앤과 버나드 스피처 전시관,' 미국 자연사 박물관: https://www.amnh.org/exhibitions/permanent-exhibitions/anne-and-bernard- spitzer-hall-of-human-origins

'찰스 다윈: 부드러운 혁명가,' The Story Behind the Science: https://www.storybehindthescience.org/pdf/darwin.pdf

'기후가 인간의 진화에 끼치는 영향,' 스미소니언 자연사 박물관: http://humanorigins.si.edu/research/climate-and-human-evolution/climate-effects- human-evolution

'인류의 진화에 관한 상호작용적인 연대표,' 스미소니언 자연사 박물관: http://humanorigins.si.edu/evidence/human-evolution-interactive-timeline

'인종과 인류의 변이형,' 미국 인류학 협회: https://understandingrace.org/RaceAndHumanVariation

'700만 년 동안의 인류 진화,' 미국 자연사 박물관: https://www.youtube.com/watch?v=DZv8VyIQ7YU

'진화를 이해하다,' 캘리포니아 대학 고인류 박물관 및 국립 과학 교육 센터: https://evolution.berkeley.edu/evolibrary/article/evo_01

'인간이 된다는 것은 어떤 의미인가?' 스미소니언 자연사 박물관: http://humanorigins.si.edu/

감사의 말

마셜대학교 생물학과 부교수인 생물인류학자 하비바 치르치르와 스미소니언 협회의 인류의 기원 프로그램 책임자인 고인류학자 리처드 파츠에게 이루 말할 수 없이 감사합니다. 두 분은 스케줄에 짓눌릴 정도로 바쁜데도 불구하고 제 원고를 검토하며 격려와 귀한 코멘트를 보내주셨습니다. 치르치르 박사님은 서문과 문화적 감수성 검토까지 친절하게 도움을 주셨죠. 고생물 예술가 존 거치가 이 책을 위해 훌륭한 작품을 내어준 것도 믿을 수 없을 만큼 운이 좋다고 생각합니다. 그의 작품은 단순한 뼈로는 할 수 없는 방식으로 우리가 오래전 친척들을 가까이 느낄 수 있게 해주었어요.

캘리포니아주 프레몬트시에 있는 프레몬트 통합 학군의 수학 및 과학 프로그램 매니저인 수잔 렘커는 과학 선생님의 시선으로 개념과 표현을 살펴봐주었고, 더 쉽게 접근할 수 있는 책을 만들어주었습니다.

비범한 과학자인 타이런 헤이스와 조지 샬러 모두에게 인용문을 쓸 수 있게 허락해주어 고맙습니다. 유행병학자인 린 그래피킨은 예리한 평을 많이 해주었으며, 스탠퍼드 의과대학 교수인 폴 블루먼털도 출산에 관한 내용을 잘 검토해주었어요. 고고학자이자 부싯돌로 불 붙이기 전문가인 앨런 드노버는 최선을 다해 제게 돌로 창끝을 만드는 법을 가르쳐주었습니다. 실제로 제가 배운 건, 구석기 시대였다면 저는 오래 살아남지 못했으리라는 것뿐이었지만요.

제 비평 파트너인 제니퍼 콜덴코, 다이앤 프레이저, 마리사 모스, 엘리자베스 패트리지, 에밀리 폴스비는 한 글자 한 글자를 읽으며 고삐를 잡아주었고, 다정함과 인내로 제게 박차를 가했습니다. 엘리자베스 슈리브는 자료와 팁을 너그럽게 공유해주었어요. 우리 둘 다 유소년을 위해 인류 진화에 관한 책을 쓰느라 애를 먹고 있었거든요. 오랜 작가 친구인 킬리 패럭과 드보라 언더우드에게는 이렇게 얘기하고 싶습니다. 두 사람이 없었다면 나는 코로나바이러스 봉쇄 기간을 버텨내지 못했을 거예요.

딱 알맞은 사진을 찾아내기란 쉽지 않습니다. 이미지를 사용하게 해준 분들과 기관들에게 신세를 진 셈입니다. 맥심 오버트, 토니 베를런트, 제니퍼 클라크, 앤디 커민스, 데이비드 컬슨, 멜리사 더키, 브렛 엘러프, 케네스 가렛, 멜라니 노튼 휴고, 샌드라 제이컵, 조세핀 조든스, 유니스 음빈디오, 데이비드 모리스, 제드 모스, 앨리스테어 파이크, 캐런 리 톰슨, 토비어스 울프, 스미소니언재단 인류의 기원 프로그램, 막스플랑크 진화인류학연구소, 맥그리거 박물관, 울름 박물관, 내셔 조각센터, 아프리카 암석 예술신탁, 케임브리지대학교까지요.

한눈에 보기에 쾌적하도록 이 책의 글, 지도, 그림, 사진을 솜씨 좋게 엮어준 다이앤 얼리에게 무척 감사합니다. 문장부호 하나하나까지 공들여 검토해 준 교열자 재키 데버에게, 그리고 사려 깊은 코멘트를 남기며 문화적 감수성 영역에 각별한 주의를 기울여준 메르세데스 아코스타에게 정말 고맙습니다. 통찰력 있는 문화적 비판을 내놓아준 인디애나주립대학교 교육부 사서인 에디스 캠벨에게도 큰 경의를 표합니다.

저를 친절히 이끌어주며 유소년을 위한 좋은 논픽션 도서를 만드는 데 헌신한 편집자 엘리사 미토 퍼시에게 마음 깊이 감사합니다. 특히나《사무라이가 뜬다 Samurai Rising》의 출처와 참고문헌을 작업하느라 애쓰고 난 뒤에도, 훨씬 더 많이 자료 조사를 해야 하는 프로젝트에 저와 함께 기꺼이 뛰어들었습니다. 그러니 앨리사는 크나큰 공을 인정받아 마땅하죠. 어쩌면 휴가도요.

가족들에게도 사랑을 듬뿍 보냅니다. 롭, 트래비스, 켈시, 코너, 휘트니, 제이슨, 셰퍼드에게요. 여러분은 세상 최고의 호미닌입니다.

출처

참고문헌에 관한 정보는 212~226페이지를 확인하세요.

들어가며

돌고래 대 인간의 EQ(대뇌화 지수): Marino.

영장류 조상의 특징: Holstein and Foley; Fleagle, pp.11 – 40.

인간 유전체에서 평균적으로 나타나는 복제 오류 30~50개: Conrad et al.

박테리아와 바이러스의 세대 시간: Drexler, p.5.

1단계: 일어서다

포유류 종의 수: Burgin et al.

아프리카 열곡의 융기: Dartnell, pp.11~13; Unger, pp.72, 97.

동쪽 숲 유인원과 서쪽 숲 유인원이 갈라진 일: Suddendorf, pp.239 – 41.

초식동물의 초원 적응: Potts and Sloan, p.44.

검치호랑이: Bonis et al.; Peigne et al.

침팬지의 식생활: Stanford, New Chimpanzee, p.25.

숲에 사는 유인원의 특징을 지니고 있는 침팬지: Tomasello, p.14.

중신세 아프리카의 동물상: Vignaud et al.

채취 약탈: Laland, p.109; Tomasello, p.2.

무리 생활: Tomasello, pp.14, 20~21, 31; E.O. Wilson, p.14; and Diamond, *Third Chimpanzee*, p.70.

똑바로 서서 다니던 과거의 유인원: Bohme et al. and Ward et al.

똑바로 서고 걷는 행동의 장점: Holstein and Foley, p.13; Suddendorf, p.242.

사헬란트로푸스 차덴시스와 지역 생태계: Brunet et al. and Vignaud et al.

오로린 투게넨시스: Senut et al.

아르디피테쿠스 카다바: Haile-Selassie.

똑바로 서서 걷는 데에 적응한 것: Smith, p.112.

송곳니: Gamble et al., p.93.

아르디피테쿠스 라미두스: Tim White et al.

인간 등의 문제점: Lents, p.23.

오스트랄로피테쿠스 종과 발견 장소: Fleagle, pp.512 – 523.

인간의 조상인 오스트랄로피테쿠스 종: Tim White et al.

선신세의 동물상: Schaller, Golden Shadows, pp.256, 259.

오스트랄로피테쿠스 아파렌시스(루시): Fleagle, pp.513 – 518; Stanford, New Chimpanzee, pp.193 – 194.

오스트랄로피테쿠스의 발자국: Raichlen et al.; Potts and Sloan, p.70.

오스트랄로피테쿠스의 뇌 크기: Holstein and Foley, p.6.

현생 인류의 뇌 크기: Beals et al.

오스트랄로피테쿠스의 의사소통: Fleagle, p.524; Pinker, p.363; Stanford, *New Chimpanzee*, p.38; Suddendorf, p.260.

타웅 아이: Gilbert et al.

포식 위험: Schultz et al.

침팬지의 사회생활과 짝짓기 습성: Stanford, *Apes*, pp.13, 27.

오스트랄로피테쿠스의 사회생활: Wynn et al., "Ape's View."

마카판스가트 조약돌: Bednarik, "'Australopithecine' Cobble."

2단계: 돌을 깨부수다

침팬지의 꿀 채집: Wilifried and Yamagiwa; Stanford, *New Chimpanzee*, p.163.

뉴칼레도니아까마귀의 계단 모양 도구 조작: Holzhaider et al.

침팬지의 망치와 모루 사용: Stanford, *New Chimpanzee*, p.159.

뉴칼레도니아까마귀의 갈고리 모양 도구 조작: Hunt.

침팬지의 갈라고원숭이 사냥: Stanford, *New Chimpanzee*, p.138.

도구를 사용해 도구를 만드는 행동은 호미닌에게만 고유한 것: Holstein and Foley, p.14.

가장 오래전 뼈에 남아 있는 잘린 자국: McPherron et al.

도구 제작에 관한 가장 오래전 증거: Harmand et al.

조지 샬러의 호미닌 생존 시험: Schaller, Golden Shadows, pp.266 – 269.

"똑같은 도구로 두개골 뒤쪽을 세게 쳐서 뇌를 꺼냈다. 훌륭한 간식거리가 될 만한 것이었다.": Schaller, *Golden Shadows*, p.269.

최초의 돌 깨기: Stanford, *New Chimpanzee*, p.199; Sanz et al., pp. 225 – 240.

날이 예리한 돌 도구의 장점: Zink and Lieberman; Wrangham, *Catching Fire*, p.46.

호모 하빌리스에 관한 묘사: Potts and Sloan, p.41; Holstein and Foley, p.7.

수컷 침팬지와 암컷 침팬지의 도구 사용: Stanford, *New Chimpanzee*, p.165.

올도완 도구: Stanford, *New Chimpanzee*, p.199; Potts and Sloan, pp.87 – 89.

죽은 고기를 먹고 사냥하는 호모 하빌리스: Potts and Sloan, pp.84 – 85; Suddendorf, p.247.

'건장한' 오스트랄로피테쿠스 (파란트로푸스): Potts and Sloan, pp.39 – 40.

파란트로푸스 포식: Potts and Sloan, p.55.

파란트로푸스의 뼈 도구 사용: Stanford, *New Chimpanzee*, p.200.

호모 하빌리스의 뇌 크기: Holstein and Foley, p.8.

돌을 깨는 데 필요한 인지적 능력: Sanz et al., pp.225 – 240.

사회적 지능: Laland, pp .135 – 139.

본거지의 활용: Fleagle, p.532.

침팬지의 사냥 전략: Stanford, *New Chimpanzee*, pp.101, 130 – 153.

현생 수렵채집인들의 식생활: Wrangham, Catching Fire, pp.133 – 136; Noss and Hewlett.

호모 하빌리스의 포식: Potts and Sloan, pp.47, 55.

포식자에 맞선 협동 방어: Suddendorf, p.247.

협동 체계와 속임수: Suddendorf, pp.163 – 164.

인간의 초기 조상들의 의사소통: Sterelny, "Language, Gesture, Skill."

공막의 진화: Kobayashi and Kohshima; Tomasello, p.77.

3단계: 머리가 커지다

뇌에 필요한 에너지: Herculano-Houzel, p.17; Laland, p.235.

기후 변화와 인간의 진화: Maslin, pp.138 – 139; Dartnell, p.22; Potts and Sloan, pp.48, 109; deMenocal.

호모 에렉투스에 관한 설명: Holstein and Foley, pp.8 – 9; Fleagle, pp.534 – 535;

Bastir et al.

가장 오래된 호모 에렉투스의 등장 시기: Herries et al.

호미닌의 뇌 크기: Holstein and Foley, p.8.

에너지 소비, 오스트랄로피테쿠스 대 에렉투스: Schultz et al.

호모 에렉투스의 활동 범위와 에너지 소비: Potts and Sloan, p.67; Wrangham, *Catching Fire*, p.5; Herculano-Houzel, p.190.

아프리카 사냥개의 포식 기술: Schaller, *Serengeti Lion*, p.379.

추적과 사냥에 필요한 인지 능력: Sterelny, *Evolved Apprentice*, pp.11–12.

열방출에 적응한 호미닌: Suddendorf, p.250.

피부색의 변화: Stanford, *New Chimpanzee*, p.182.

나리오코토메 소년: Gamble et al., pp.139, 141; Potts and Sloan, pp.78–79; Fleagle, p.534; Gurche, pp.148–149.

침팬지의 사회구조: Stanford, *New Chimpanzee*, p.29; Stanford, *Apes*, pp.13, 27.

보노보의 사회구조: Stanford, *New Chimpanzee*, p.73; Maslin, p.173.

수렵채집 사회: E. O. Wilson, p.21; Wrangham, *Catching Fire*, p.136; Noss and Hewlett; Ember.

임신/수유에 필요한 영양 수준: Martin Jones, p.62.

아슐리안 주먹도끼: Gamble et al., p.119; Potts and Sloan, pp.86, 89; Berlant and Wynn, p.73; Wynn and Gowlett, "Handaxe Reconsidered"; Stout.

침팬지/고릴라의 경쟁: Stanford, *Apes*, pp.74, 94–5.

호미닌의 공존/경쟁: Stanford, *Apes*, pp.98–99, 104; Sugden et al.; Herries et al.

현생 인류와 교배했던 과거 호미닌: Reich, pp.40, 208–209.

북극곰/회색곰의 잡종: Pongracz et al.

아프리카 밖으로 벗어난 호미닌의 이동: Maslin, pp.147–148; Potts and Sloan, p.97; Lee, p.260.

4단계: 하이킹에 나서다

일본의 문자 체계: Association for Japanese-Language Teaching, pp.11–12.

일본어 한자(간지)의 표준 개수: Heisig, p.4.

세계에서 가장 복잡한 문자 체계인 일본어: Backhouse, p.38.

세렝게티에 서식하는 동물종의 수: Spawls et al., *Reptiles and Amphibians*, p.4; Spawls et al., *Field Guide*, p.5; Kennedy, p.9; Foley et al., p.8.

환경과 관련된 지식: Lee, p.176; Robert Boyd, pp.139 – 140; Pinker, p.439.

조지아 드마니시의 호모 에렉투스: Holstein and Foley, p.9.

중국의 호모 에렉투스: Ao et al.; Pu et al.

인도네시아의 호모 에렉투스: Tyler and Sartono.

중국에서 발견된 도구: Zhu et al.

아프리카를 떠난 미스터리한 호미닌: Potts and Sloan, p.97.

호모 플로레시엔시스: Sutikna et al.

호모 루조넨시스: Detroit et al.

'호빗'의 진화: Gurche, p.268.

아시아의 동물상: Turner, pp.48, 74, 81; Louys et al.

기간토피테쿠스 블라키: Zhao and Zhang; Welker et al.

대나무로 만든 도구: Holstein and Foley, p.15.

조각이 새겨진 조개 껍질과 조개로 만든 도구: Joordens et al.

가르치기: Laland, pp.158, 319.

비인간동물 사이에서 볼 수 있는 가르치는 행동: Cato and Hauser; Lopez and Lopez.

병코돌고래에게서는 나타나지 않는 가르치는 행동: Janet Mann, Shark Bay Dolphin Project, 저자와의 개인적 소통.

뉴칼레도니아까마귀에게서는 나타나지 않는 가르치는 행동: Gavin Hunt, University of Auckland, 저자와의 개인적 소통.

가르치는 행동과 의사소통 사이의 연결점: Laland, pp.29, 173; Sterelny, *Evolved Apprentice*, p.151.

가리키는 행동의 중요성: Tomasello, pp.5, 49; Laland, p.187; Corballis, pp.134 – 135; Sterelny, *Evolved Apprentice*, p.173.

진화적 적합성을 높이는 의사소통 기술: Laland, pp.186 – 187.

호모 에렉투스의 의사소통 기술: Gamble et al., pp.141 – 142.

마음 이론: Suddendorf, p.114; Robert Boyd, p.176; Corballis, p.81. Raven deception: Marzluff and Angell, p.46.

침팬지의 속임수: Corballis, pp.88 – 89.

침팬지의 '입양': Stanford, *New Chimpanzee*, p.122.

호모 에렉투스 (드마니시, 조지아): http://www.dmanisi.ge/ website.

치아가 없는 호모 에렉투스 (드마니시, 조지아): Gurche, p.182.

5단계: 바비큐를 발명하다

번개, 들불, 돌무더기 틈에서 먹을 것 찾기: Gamble et al., p.132; Sterelny, *Evolved Apprentice*, p.17; Fletcher, p.174.

요리의 장점: Wrangham, *Catching Fire*, pp.38, 40, 44; Wrangham, "Control of Fire"; Martin Jones, pp.82 – 83, 93; Suddendorf, p.251.

불과 온도 조절: Schultz et al.; Wrangham, *Catching Fire*, p.183.

식품 보존: Wrangham, "Control of Fire"; Wrangham, *Catching Fire*, p.194.

도구 강화: Gamble et al., p.118.

포식자들한테서 보호하기: Wrangham, *Catching Fire*, p.99.

홍적세의 포식자: Turner, pp.41 – 44, 48, 84, 203.

불과 사회생활: Wrangham, *Catching Fire*, p.153; Dunbar, p.195; E. O. Wilson, p.22.

불을 사용했다는 오래전 증거: Dunbar, pp.163 – 165.

문화적 진화: Tomasello, p.83.

요리 가설: Wrangham, "Control of Fire."

요리 가설에 대한 대안: Aiello and Wheeler.

연기에 대한 유전적 적응(AHR 단백질): Hubbard et al.

바위와 부싯돌로 불 피우기: Wrangham, *Catching Fire*, pp.191 – 192.

혁신의 전파: Sterelny, *Evolved Apprentice*, pp.13, 59 – 61; Potts and Sloan, p.125.

호모 하이델베르겐시스: Maslin, pp.37 – 38; Potts and Sloan, p.98; Fleagle, p.535; Holstein and Foley, p.8.

호미닌 대 돌고래의 EQ (대뇌화 지수): Marino.

홍적세 유럽의 동물상: Matze, Gaudzinski et al.; Reumer et al.; Camarós et al.

6단계: 말하기 시작하다 (그 뒤로 결코 입을 다물지 않다)

침팬지와 보노보의 언어 능력: Pinker, pp.348 – 350; Suddendorf, pp.83, 85 – 86.

인간의 말 생성과 문법: Pinker, pp.9, 379; Sterelny, "Language, Gesture, Skill."

대형 유인원과 유아의 제스처: Kersken et al.

인간의 어휘: Pinker, p.145.

언어는 가르치고 학습하는 일을 돕는다: Laland, pp.29, 173, 183, 185 – 188.

언어와 계획/협동: Potts and Sloan, p.164; Tomasello, p.5; Suddendorf, pp.78, 90, 96; Sterelny, "Language, Gesture, Skill."

언어적 털고르기로서의 언어: Dunbar, p.227; Sterelny, "Language, Gesture, Skill"; Lee, p.174.

가십거리와 사회적 정보를 향한 열망: E. O. Wilson, p.190; Dunbar, pp.263, 269; Brian Boyd, "On the Origin," pp.64, 165; Laland, p.176.

호모 하이델베르겐시스와 언어: Gamble et al., pp.32, 141; Dunbar, p.238; Gurche, p.194.

언어와 도구 제작: Corballis, pp.184 – 186; Stout and Khreisheh; Morgan et al.; Kolodny and Edelman.

느린 성장의 장점과 단점: Schultz et al.; Dunbar, p.64.

호미닌의 출산: Maslin, pp.160 – 162; Potts and Sloan, p.74; Dunbar, p.245; Lee, p.60.

인간 아기의 무력함: Gurche, p.150; Martin Jones, p.87; Dunbar, p.245.

사회 집단이 육아에서 차지하는 중요성: Maslin, pp.160 – 162.

호모 하이델베르겐시스의 후손: Dunbar, p.183; Maslin, p.38; Holstein and Foley, p.9.

호모 네안데르탈렌시스에 관한 설명과 선택의 압박: Maslin, p.37; Gurche, pp.219, 221; Potts and Sloan, p.99.

호모 네안데르탈렌시스와 호모 사피엔스의 뇌 크기: Ruff et al.; Martin Jones, p.82; Beals et al. FOXP2: Reich, p.8; Potts and Sloan, p.131; Fitch, p.168.

호모 네안데르탈렌시스의 언어 능력: Gurche, p.229; Gamble et al., p.142; Sejnowski, p.140; Dunbar, p.244; Barney et al.; Martinez et al., "Human Hyoid Bones"; Conde-Valverde et al.

호모 네안데르탈렌시스의 청각 능력: Martinez et al., "Auditory Capacities."

알려진 것 가운데 최초의 치명적 폭력: Sala et al.

호모 네안데르탈렌시스의 창: 창을 발견했다고 밝혔던 원본 보고서에서는 40만 년 전의 것이라고 계산하고 있으나, 추가 분석 보고서에서는 30만 년 전의 것이라고 밝히고 있다. Schoch et al.

문화적 기준으로서의 언어: Corballis, p.194.

언어와 복합적인 도구: Suddendorf, p.257.

호모 네안데르탈렌시스의 기술: Sterelny, *Evolved Apprentice*, p.13; Gurche, p.225; Fleagle, p.537; Maslin, p.179; Smith, p.201; Berlant and Wynn, pp.150–151; Hardy et al.

호모 네안데르탈렌시스의 해산물 이용: Villa et al.; Trinkaus et al.; Zilhao et al.

호모 네안데르탈렌시스의 장애인 돌보기: Potts and Sloan, p.52; Gracia et al.

호모 네안데르탈렌시스의 발자국: Duveau et al.

호모 네안데르탈렌시스의 식인 풍습: Gurche, p.232; Suddendorf, p.266.

호모 네안데르탈렌시스의 매장: Gurche, p.231; Gamble et al., p.172.

호모 네안데르탈렌시스의 석순 구조물: Jaubert et al.

7단계: 이야기꾼이 되다

호모 사피엔스의 기원: Maslin, p.170; Gurche, p.300; Brooks et al.; Potts et al.

북부 아프리카에서 발견된 호모 사피엔스 화석: Hublin et al., "New Fossil."

남부 아프리카에서 발견된 호모 사피엔스 화석: Stringer.

동부 아프리카에 살던 초기 호모 사피엔스: Maslin, p.38; Holstein and Foley, p.11; Suddendorf, p.234; Nielsen et al.

그리스와 이스라엘에 살던 초기 호모 사피엔스: Harvati et al.; Hershkovitz et al.

초기에 호모 사피엔스와 호모 네안데르탈렌시스가 교배했다는 증거: Price et al.; Petr et al.

상징적 사고의 흔적: Gamble et al., p. 138; Potts and Sloan, pp.119, 164; Pagel, p.278.

!Xoo와 투야카: *The Economist*; Pereltsvaig, pp.202–205.

언어의 보편성: Pinker, p.364.

문화적 복잡성과 언어적 복잡성의 상반된 관계: Corballis, p.17.

상징적 의사소통의 장점: Corballis, p.172; Suddendorf, p.250.

침팬지와 보노보의 상징에 관한 이해: Potts and Sloan, p.129.

상징적 의사소통으로서의 장신구: Sterelny, Evolved Apprentice, pp.50–51; Potts and Sloan, p.137.

고대 아프리카의 구슬: Potts and Sloan, p.119; Vanhaeren et al.

고대 아프리카의 오커: Gamble et al., p.171; Henshilwood et al., "Emergence of Modern"; Henshilwood et al., "A 100,000-Year-Old"; Sterelny, Evolved Apprentice, p.53.

호모 네안데르탈렌시스의 장신구: Radovčić et al.; Hoffman et al., "Symbolic Use."

호모 네안데르탈렌시스의 동굴 그림: Hoffman et al.은 이 그림들이 최소 6만4000년 전 것이라고 추정했으나('우라늄-토륨 연대 측정'), 다른 연구자들이 이와 같은 연대 추정에 이의를 제기하고 있다(Randall White et al.). Hoffman et al.은 최초 분석 결과를 고수하고 있다.

호모 사피엔스의 개체군 병목현상과 거의 멸종할 뻔했던 시기: Reich, p.241; Maslin, p.181; Holstein and Foley, p.11; Dartnell, p.46.

기후 변화 시기 호모 사피엔스의 이동: Marean et al.; Chan et al.

아프리카 밖으로 나간 호모 사피엔스의 두 번째 이주: Holstein and Foley, p.12; Dunbar, pp.217, 220; Dartnell, pp.46 – 47; Gurche, p.228. 많은 과학자들은 이와 같은 이주가 10만 년 전보다는 뒤에 일어났다고 추정하고 있으나, 최근의 증거는(사우디아라비아에서 발견된 12만 년 전의 발자국과, 중국에서 발견되어 이르면 12만 년 전의 것으로 추정되는 인간의 치아) 이보다 앞서 아프리카를 떠났으리라는 점을 드러낸다. Stewart et al.; Wu et al.을 참고할 것.

호모 사피엔스와 중동의 환경: Groucutt et al.

약 10만 년 전의 호미닌 종: Dartnell, p.47; Reich, p.64.

데니소바인의 외모: Gokhman et al.

호모 에렉투스와 데니소바인의 교배 가능성: Nielsen et al.; Rodgers et al.

자바의 호모 에렉투스: 처음에는 2만6000년 전의 일이라고 추정했으나, 새로운 분석에 따르면 자바에서 발견된 화석은 최소 11만 년 전 것이라고 한다. Rizal et al.을 참고할 것.

호모 플로레시엔시스: Sutikna et al.

호모 루조넨시스: Detroit et al.

호모 네안데르탈렌시스의 외모: Suddendorf, p.258.

호모 사피엔스와 호모 네안데르탈렌시스의 잡종: Reich, pp.40 – 42; Pääbo, pp.190 – 199; Smith, p.201.

호모 사피엔스와 호모 네안데르탈렌시스의 치아 박테리아: Weyrich et al.

호모 네안데르탈렌시스와 데니소바인의 잡종: Slon et al., 2018.

호모 사피엔스와 데니소바인의 잡종: Pääbo, pp.246 – 247.

아프리카의 호모 사피엔스와 네안데르탈인 혈통: Chen et al.; Price et al.

아프리카의 호모 사피엔스와 오래전 유전체: Reich, p.209; Lachance et al.; Durvasula and Sankararaman.

인구 교배에 관한 심도 있는 역사: Reich, p.231.

호모 네안데르탈렌시스와 데니소바인의 잡종이 지닌 진화적 장점: Abi-Rached et al.; Enard and Petrov; Huerta-Sanchez et al.

호모 사피엔스의 동남아시아 이주: Smith, p.179; Suddendorf, pp.234–235.

호모 플로레시엔시스와 플로레스 섬의 동물상: Sutikna et al.

수영을 통한 코끼리의 확산: Quammen, *Song of the Dodo*, pp.153–157.

섬 거대증/섬 왜소증: Diamond, "Did Komodo Dragons Evolve?"; Quammen, *Song of the Dodo*, pp.157–158.

플로레스 섬에 존재했던 코모도왕도마뱀: Jakarta Post.

호모 사피엔스의 오스트레일리아 이주: Clarkson et al.

홍적세 오스트레일리아의 동물상: Kaars et al.; MacPhee, pp.94–95, 122–123.

석기시대 중반/후반의 기술: Potts and Sloan, pp.120–121; Laland, p.10; Lombard and Phillipson.

유럽에 도달한 호모 사피엔스: Hublin et al., "Initial Upper Palaeolithic," Prüfer et al.; Gibbons.

빙하기 유럽의 생존을 향한 난관: Dunbar, p.182; Sterelny, Evolved Apprentice, pp.62–64, 68; Dartnell, p.33.

호모 사피엔스의 사회적 네트워크와 그 장점: Potts and Sloan, pp.120–121, 125, 164; Gurche, p.302; Dunbar, p.251; Robert Boyd, pp.20, 34.

서사의 활용: Gottscall, pp.87, 148, 187, 189–190; Brian Boyd, "Jane, Meet Charles," pp.10–11; Brian Boyd, "On the Origin," pp.64, 104, 162–168, 19; Sterelny, *Evolved Apprentice*, p.163; Suddendorf, pp.216, 221–222.

대처 메커니즘으로서의 서사: Corballis, pp.104–105.

마음 이론과 초자연성: Corballis, pp.112–113; Dunbar, p.234.

규칙을 깨는 자로서의 초자연적 존재: Boyer, p.78.

버즈 빔 화산의 연대 추정: Matchan et al.

술라웨시 동굴 그림의 연대 추정: Aubert et al., "Earliest Hunting Scene."

쇼베 동굴의 연대 추정: Cuzange et al.

사자 인간 동상의 연대 추정: Kind et al.

라스코 동굴의 연대 추정: 라스코 동굴 벽화는 일반적으로 1만7000년 전으로 연대를 추정하고 있으나, 근거가 불안정하다(Bahn을 참고할 것). 널리 알려진 '화살대 장면'은 화살대에서 발견된 석탄의 탄소-14 연대 추정을 근거로 삼아 1만6000년 전의 것으로 추정하고 있다.

결론: 지배하다

호모 플로레시엔시스: Sutikna et al.

호모 루조넨시스: Detroit et al.

자바의 호모 에렉투스: 처음에는 2만6000년 전의 일이라고 추정했으나, 새로운 분석에 따르면 자바에서 발견된 화석은 최소 11만 년 전의 것이라고 한다. Rizal et al.을 참고할 것.

기후 변화로 인한 호모 에렉투스의 멸종: Raia et al.

호모 네안데르탈렌시스의 멸종: Sterelny, *The Evolved Apprentice*, pp.62 – 64, 68; Dunbar, p.250; Gurche, p.226, 233; Reich, p.90; Potts and Sloan, p.145; Diamond, *Third Chimpanzee*, p.54; Kolodny and Feldman; Raia et al.

가장 최근의 데니소바인 화석: Douka et al., Ji et al.

호모 사피엔스와 데니소바인의 후기 잡종: Jacobs et al.; GenomeAsia 100K Consortium.

인간의 아메리카 대륙 이주: Ardelean et al.

인간이 이주했던 시기 아메리카 대륙의 동물상: Mithen, pp.236 – 245.

따뜻해지는 기후와 대륙 빙하의 축소: Potts and Sloan, p.152.

최초의 농경이 등장한 시기: Diamond, *World Until Yesterday*, p.6.

최초의 도시가 등장한 시기: Wengrow, p.xiii.

최초의 문자가 등장한 시기: Diamond, *World Until Yesterday*, p.6; Dong, p.2.

최초의 이모지 시가 등장한 시기: Stephanie Berger, 개인적인 소통.

자연스러운 생태계의 전환: Goldewijk et al.

야생 조류 대 가축용 조류, 야생 포유류 대 인간, 가축용 포유류의 생물량 비교: Bar-On et al.

야생동물 수의 감소, 다양성의 회복: World Wildlife Fund; Davis et al.

바다를 향한 위협: Kendall Jones et al.

기후 위기라는 위협: Intergovernmental Panel on Climate Change.

인간의 협동: Tomasello, p.82; Robert Boyd, p.160.

술라웨시의 손도장: Aubert et al., "Pleistocene Cave Art"; 이 이미지에 담긴 손도장의 연대는 추정할 수 없었으나, 최소 4만 년 전 것으로 추정되는 근처의 손도장과 비슷한 시기로 보인다. Maxime Aubert, 저자와의 이메일, July 15, 2020.

스페인의 손도장: Pike et al.

오스트레일리아의 손도장: Undated, from Buckland Tableland, Central Queensland Highlands, Australia.

아프리카의 손도장: Undated, from Wadi el Obeiyed, Egypt.

남아메리카의 손도장: Cueva de las Manos (Cave of the Hands), Argentina. 유네스코 세계문화유산인 리오 핀투라스 암각화에 남아 있는 손도장은 1만3000년 전에서 9500년 전의 것으로 추정된다. UNESCO.

인종에 관해 한마디

인종과 유전학: American Association of Physical Anthropologists. Lactose tolerance: Reich, pp.223 – 225; Itan et al.

낫 모양 적혈구 빈혈증: Foy et al.; Reich, pp.223 – 225.

타이런 헤이스 인용 (헤이스 박사의 허락을 받아 사용함): Hayes.

진화에 관해 몇 마디 더

성 선택: Coyne, pp.144 – 167.

유전적 부동: Quammen, *Song of the Dodo*, pp.517 – 518; Coyne, pp.123 – 124.

수평적 유전자 이동: Quammen, *Tangled Tree*.

드 노보 진화: Levy.

찰스 다윈 인용문: Darwin, p.513.

화석, 인공물, 기후 변화의 시기를 추정하는 일에 관해 몇 마디 더

연대 추정 기술: Potts and Sloan, p.41.

탄소-14: Reich, p.274.

방해석 연대 추정: Aubert et al., "Pleistocene Cave Art."

분자 시계: Pääbo, p.66.

단백질 유전 정보학과 기간토피테쿠스 블라키: Welker et al.

기후 변화의 시기 추정: Potts and Sloan, p.50.

참고문헌

Abi-Rached, Laurent, et al. "The Shaping of Modern Human Immune Systems by Multiregional Admixture with Archaic Humans." *Science* 334, no. 6052 (2011): 89–94.

Aiello, Leslie C., and Peter Wheeler. "The Expensive-Tissue Hypothesis." *Current Anthropology* 36, no. 2 (1995): 191–221.

American Association of Physical Anthropologists. "AAPA Statement on Race and Racism." https://physanth.org/about/position-statements/aapa-statement-race-and-racism-2019/

Ao, Hong, et al. "New Evidence for Early Presence of Hominids in North China." *Scientific Reports* 3, no. 2403 (2013). doi:10.1038/srep02403

Ardelean, Ciprian F., et al. "Evidence of Human Occupation in Mexico Around the Last Glacial Maximum." *Nature* 584 (2020): 87–92. doi:10.1038/s41586-020-2509-0

Association for Japanese-Language Teaching. *Japanese for Busy People I.* Tokyo, Japan: Kodansha International, 1984.

Aubert, M., et al. "Earliest Hunting Scene in Prehistoric Art." *Nature* 576 (2019): 442–445. doi:10.1038/s41586-019-1806-y

Aubert, M., et al. "Pleistocene Cave Art from Sulawesi, Indonesia." *Nature* 514 (2014): 223–227.

Backhouse, A. E. *The Japanese Language: An Introduction*. Oxford, UK: Oxford University Press, 1993.

Bahn, Paul G. "The Impact of Direct Dating of Palaeolithic Cave Art: Lascaux Revisited." *Anthropologie* 33, no. 3 (1995): 191–199.

Barney, Ann, et al. "Articulatory Capacity of Neanderthals, a Very Recent and Human-Like Fossil Hominin." *Philosophical Transactions of the Royal Society B* 167 (2012), 88–102.

Bar-On, Yinon M. "The Biomass Distribution on Earth." *Proceedings of the Royal*

Academy of Sciences 115, no. 25 (2018): 6506–6511.

Bastir, Markus, et al. "Rib Cage Anatomy in *Homo erectus* Suggests a Recent Evolutionary Origin of Modern Human Body Shape." *Nature Ecology & Evolution* 4 (2020): 1178–1187. doi:10.1038/s41559-020-1240-4

Beals, Kenneth L., et al. "Brain Size, Cranial Morphology, Climate, and Time Machines." *Current Anthropology* 25, no. 333 (1984): 301–330.

Bednarik, Robert G. "The 'Australopithecine' Cobble from Makapansgat, South Africa." *South African Archeological Bulletin* 53 (1998): 4–8.

Berlant, Tony, and Thomas Wynn. *First Sculpture: Handaxe to Figure Stone*. Dallas, TX: Nasher Sculpture Center, 2018.

Bohme, Madelaine, et al. "A New Miocene Ape and Locomotion in the Ancestor of Great Apes and Humans." *Nature* 575 (2019): 489–493.

Bonis, Louis de, et al. "New Sabre-Toothed Cats in the Late Miocene of Toros Menalla (Chad)." *Comptes Rendus Palevol* 9, no. 5 (2010): 221–227.

Boyd, Brian. "Jane, Meet Charles: Literature, Evolution, and Human Nature." *Philosophy and Literature* 22, no. 1 (1998): 1–30.

Boyd, Brian. *On the Origin of Stories: Evolution, Cognition, and Fiction*. Cambridge, MA: Belknap Press of Harvard University Press, 2009.

Boyd, Robert. *A Different Kind of Animal: How Culture Transformed Our Species*. Princeton, NJ: Princeton University Press, 2018.

Boyer, Pascal. *Religion Explained*. New York: Basic Books, 2001.

Brooks, Alison S., et al. "Long-Distance Stone Transport and Pigment Use in the Earliest Middle Stone Age." *Science* 360, no. 6384 (2018): 90–94.

Brunet, M., et al. "A New Hominin from the Upper Miocene of Chad, Central Africa." *Nature* 418, no. 6894 (2002): 145–151.

Burgin, Connor J., et al. "How Many Species of Mammals Are There?" *Journal of Mammalogy* 99, no. 1 (2018): 1–14.

Camarós, Edgard, et al. "The Evolution of Paleolithic Hominin-Carnivore Interaction Written in Teeth: Stories from the Swabian Jura (Germany). *Journal of Archeological Science: Reports* 6 (2016): 798–809.

Cato, T. M., and M. D. Hauser. "Is There Teaching in Nonhuman Animals?" *The Quarterly Review of Biology* 67, no. 2 (1992): 151–174.

Chan, Eva K. F., et al. "Human Origins in a Southern African Paleo-Wetland and First Migrations." *Nature* 575 (2019): 185–189.

Chen, Lu, et al. "Identifying and Interpreting Apparent Neanderthal Ancestry in African Individuals." *Cell* 180, no. 4 (2020): 677–687.

Clarkson, Chris, et al. "Human Occupation of Northern Australia by 65,000 Years Ago." *Nature* 547 (2017): 306–310.

Conde-Valverde, Mercedes, et al. "Neanderthals and *Homo sapiens* Had Similar Auditory and Speech Capacities." *Nature Ecology and Evolution* (2021). doi:10.1038/s41559-021-01391-6

Conrad, D., et al. "Variation in Genome-Wide Mutation Rates Within and Between Human Families."
Nature Genetics 43 (2011): 712–714.

Corballis, Michael C. *The Truth About Language: What It Is and Where It Came From.* Chicago: University of Chicago Press, 2017.

Coyne, Jerry A. *Why Evolution Is True.* New York: Viking, 2010.

Cuzange, Marie-Therese, et al. "Radiocarbon Intercomparison Program for Chauvet Cave." *Radiocarbon* 49, no. 2 (2007): 339–347.

Dartnell, Lewis. *Origins: How the Earth Made Us.* London: Penguin Random House UK, 2018.

Darwin, Charles. *On the Origin of Species.* New York: Sterling, 2008. Based on first edition published 1859 by John Murray, London.

Davis, Matt, et al. "Mammal Diversity Will Take Millions of Years to Recover from the Current Biodiversity Crisis." *Proceedings of the National Academy of Science* 115, no. 44 (2018): 11262–11267.

deMenocal, Peter B. "Climate and Human Evolution." *Science* 331, no. 6017 (2011): 540–542.

Detroit, Florent, et al. "A New Species of *Homo* from the Late Pleistocene of the Philippines." *Nature* 568 (2019): 181–186.

Diamond, Jared. "Did Komodo Dragons Evolve to Eat Pygmy Elephants?" *Nature* 326 (1987): 832.

Diamond, Jared. *The Third Chimpanzee: The Evolution and Future of the Human Animal.* New York: HarperCollins, 1992.

Diamond, Jared. *The World Until Yesterday: What Can We Learn from Traditional Societies?* New York: Viking, 2012.

Dong, Hongyuan. *A History of the Chinese Language*. London: Routledge, 2014.

Douka, Katerina, et al. "Age Estimate for Hominin Fossils and the Onset of the Upper Palaeolithic at Denisova Cave." *Nature* 565 (2019): 640–644.

Drexler, M. *What You Need to Know About Infectious Disease*. Washington, DC: National Academies Press, 2010.

Dunbar, Robin. *Human Evolution: Our Brains and Behavior*. Oxford, UK: Oxford University Press, 2016.

Durvasula, Arun, and Sriram Sankararaman. "Recovering Signals of Ghost Archaic Introgression in African Populations." *Science Advances* 6, no. 7 (2020): eaax5097. doi:10.1126/sciadv.aax5097

Duveau, Jeremy, et al. "The Composition of a Neandertal Social Group Revealed by Hominin Footprints at Le Rozel (Normandy, France)." *Proceedings of the National Academy of Sciences* 116, no. 39 (2019): 19409–19414.

Economist, The. "Tongue Twisters: In Search of the World's Hardest Language." December 17, 2009.

Ember, Carol. "Residential Variation Among Hunter-Gatherers." *Behavior Science Research* 10, no. 3 (1975): 199–227.

Enard, David, and Dmitri Petrov. "Evidence that RNA Viruses Drove Adaptive Introgression Between Neanderthals and Modern Humans." *Cell* 175, no. 2 (2018): 360–371.

Fitch, Tecumseh. "More Than Just Small Talk." In *Sydney Brenner's 10-on-10: The Chronicles of Evolution*, edited by Sydney Brenner, 161–169. Singapore: Wildtype Books, 2019.

Fleagle, John G. *Primate Adaptation and Evolution*. 2nd ed. San Diego: Academic Press, 1999.

Fletcher, Roland. "The Logic of Cultural Evolution." In *Sydney Brenner's 10-on-10: The Chronicles of Evolution*, edited by Sydney Brenner, 171–179. Singapore: Wildtype Books, 2019.

Foley, Charles, et al. *A Field Guide to the Larger Mammals of Tanzania*. Princeton, NJ: Princeton University Press, 2014.

Foy, Henry, et al. "The Variability of Sickle-Cell Rates in the Tribes of Kenya and the Southern Sudan." *The British Medical Journal* 1, no. 4857 (1954): 294–297.

Gamble, Clive, et al. *Thinking Big: How the Evolution of Social Life Shaped the Human Mind.* New York: Thames and Hudson, 2014.

Gaudzinski, Sabine, et al. "Paleoecology and Archaeology of the Karlich-Seeufer Open-Air Site (Middle Pleistocene) in the Central Rhineland, Germany." *Quaternary Research* 46, no. 3 (1996): 319–334.

GenomeAsia 100K Consortium. "The GenomeAsia 100K Project Enables Genetic Discoveries Across Asia." *Nature* 576 (2019): 106–111.

Gibbons, Ann. "More Than 45,000 Years Ago, Modern Humans Ventured into Neanderthal Territory. Here's What Happened Next." *Science* (2021): doi:10.1126/science.abi8830.

Gilbert, C. C., et al. "Brief Communication: Plio-Pleistocene Eagle Predation on Fossil Cercopithecids from the Humpata Plateau, Southern Angola." *American Journal of Physical Anthropology* 139, no. 3 (2009): 421–429.

Gokhman, David, et al. "Reconstructing Denisovan Anatomy Using DNA Methylation Maps." *Cell* 179, no. 1 (2019): 180–192.

Goldewijk, Kees Klein, et al. "The HYDE 3.1 Spatially Explicit Database of Human-Induced Global Land-Use Change over the Past 12,000 Years." *Global Ecology and Biogeography* 20, no. 1 (2011): 73–86.

Gottscall, Jonathan, ed. *The Literary Animal: Evolution and the Nature of Narrative.* Evanston, IL: Northwestern University Press, 2005.

Gracia, Ana, et al. "Craniosynostosis in the Middle Pleistocene Human Cranium 14 from the Sima de los Huesos, Atapuerca, Spain." *Proceedings of the National Academy of Sciences* 106, no. 16 (2009): 6573–6578.

Groucutt, Huw S., et al. "*Homo sapiens* in Arabia by 85,000 Years Ago." *Nature Ecology & Evolution* 2 (2018): 800–809.

Gurche, John. *Shaping Humanity: How Science, Art and Imagination Help Us Understand Our Origins.* New Haven, CT: Yale University Press, 2013.

Haile-Selassie, Y. "Late Miocene Hominids from the Middle Awash, Ethiopia." *Nature* 412 (2001): 178–181.

Hardy, B. L., et al. "Direct Evidence of Neanderthal Fibre Technology and Its Cognitive and Behavioral Implications." *Scientific Reports* 10, no. 4889 (2020).

doi:10.1038/s41598-020-61839-w

Harmand, Sonia, et al. "3.3-Million-Year-Old Stone Tools from Lomekwi 3, West Turkana, Kenya." *Nature* 521 (2015): 310–315.

Harvati, Katerina, et al. "Apidima Cave Fossils Provide Earliest Evidence of *Homo sapiens* in Eurasia." *Nature* 571 (2019): 500–514.

Hayes, Tyrone. "My Dream Come True: An Open Letter to My Colleagues." Rothfels Lab. June 4, 2020. https://rothfelslab.berkeley.edu/2020/06/04/the-rothfels-lab-stands-against-racism-everywhere/

Heisig, James W. *Remembering the Kanji: A Complete Course on How Not to Forget the Meaning and Writing of Japanese Characters*. Vol. 1. Honolulu, HI: University of Hawai'i Press, 2007.

Henshilwood, Christopher S., et al. "Emergence of Modern Human Behavior: Middle Stone Age Engravings from South Africa." *Science* 295, no. 5558 (2002): 1278–1280.

Henshilwood, Christopher S., et al. "A 100,000-Year-Old Ochre-Processing Workshop at Blombos Cave, South Africa." *Science* 334, no. 6053 (2011): 219–222.

Herculano-Houzel, Suzana. *The Human Advantage: How Our Brains Became Remarkable*. Cambridge, MA: The MIT Press, 2016.

Herries, Andy I. R., et al. "Contemporaneity of *Australopithecus*, *Paranthropus*, and Early *Homo erectus* in South Africa." *Science* 368, no. 6486 (2020): eaaw7293. doi:10.1126/science.aaw7293

Hershkovitz, Israel, et al. "The Earliest Modern Humans Outside Africa." *Science* 359, no. 6374 (2018): 456–459.

Hoffman, Dirk L., et al. "Symbolic Use of Marine Shells and Mineral Pigments by Iberian Neandertals 115,000 Years Ago." *Science Advances* 4, no. 2 (2018): eaar5255. doi:10.1126/sciadv.aar5255

Hoffman, Dirk L., et al. "U-Th Dating of Carbonate Crusts Reveals Neandertal Origin of Iberian Cave Art." *Science* 359 (2018): 912–915.

Holstein, Laura van, and Robert Foley. "Hominin Evolution." In *Encyclopedia of Evolutionary Psychological Science*, edited by Todd K Shackelford and Viviana A Weekes-Shackelford. Springer International Publishing, 2017. doi:10.1007/978-3-319-16999-6_3416-1

Holzhaider, Jennifer C., et al. "The Development of Pandanus Tool Manufacture in

Wild New Caledonian Crows." *Behaviour* 147, no. 5 (2010): 553–586.

Hubbard, Troy D., et al. "Divergent Ah Receptor Ligand Selectivity During Hominin Evolution." *Molecular Biology and Evolution* 33, no. 10 (2016): 2648–2658.

Hublin, Jean-Jacques, et al. "Initial Upper Palaeolithic *Homo sapiens* from Bacho Kiro Cave, Bulgaria." *Nature* 581 (2020): 299–302.

Hublin, Jean-Jacques, et al. "New Fossils from Jebel Irhoud, Morocco, and the Pan-African Origin of *Homo sapiens*." *Nature* 546 (2017): 289–292.

Huerta-Sanchez, Emilia, et al. "Altitude Adaptation in Tibetans Caused by Introgression of Denisovan- Like DNA." *Nature* 512 (2014): 194–197.

Hunt, Gavin R. "Manufacture and Use of Hook-Tools by New Caledonian Crows." *Nature* 379 (1996): 249–251.

Intergovernmental Panel on Climate Change. "Global Warming of 1.5°C: An IPCC Special Report." 2018. https://www.ipcc.ch/site/assets/uploads/sites/2/2019/06/SR15_Full_Report_Low_Res.pdf

Itan, Yuval, et al. "A Worldwide Correlation of Lactase Persistence Phenotype and Genotype." *BMC Evolutionary Biology* 10, no. 36 (2010). doi:10.1186/1471-2148-10-36

Jacobs, Guy S., et al. "Multiple Deeply Divergent Denisovan Ancestries in Papuans." *Cell* 177, no. 4 (2019): 1010–1021.

Jakarta Post. "Komodo Dragons in National Park Differ from Those on Flores Island." July 22, 2019. https://www.thejakartapost.com/travel/2019/07/20/komodo-dragons-in-national-park-differ-from-those-on-flores-island.html

Jaubert, Jacques, et al. "Early Neanderthal Constructions Deep in Bruniquel Cave in Southwestern France." *Nature* 534 (2016): 111–114.

Ji, Quang, et al. "Late Middle Pleistocene Harbin Cranium Represents a New *Homo* Species." *The Innovation* (June 25, 2021). doi:10.1015/j.xinn.2021.100132

Jones, Kendall, et al. "The Location and Protection Status of Earth's Diminishing Marine Wilderness." *Current Biology* 28, no. 15 (2018): 2506–2512e3.

Jones, Martin. *Feast: Why Humans Share Food*. Oxford, UK: Oxford University Press, 2007.

Joordens, Josephine C. A., et al. "*Homo erectus* at Trinil on Java Used Shells for Tool Production and Engraving." *Nature* 518 (2015): 228–231.

Kaars, Sander van der, et al. "Humans Rather than Climate Primary Cause of Pleistocene Megafaunal Extinction in Australia." *Nature Communications* 8, no. 14142 (2017). doi:10.1038/ncomms14142

Kennedy, Adam Scott. *Birds of the Serengeti and Ngorongoro Conservation Area*. Princeton, NJ: Princeton University Press, 2014.

Kersken, Verena, et al. "A Gestural Repertoire of 1- to 2-Year-Old Human Children: In Search of the Ape Gestures." *Animal Cognition* 22, no. 4 (2019): 577–595.

Kind, Claus-Joachim, et al. "The Smile of the Lion Man: Recent Excavations in Stadel Cave (Baden-
Wurttenberg, Southwestern Germany) and the Restoration of the Famous Upper Paleolithic Figurine." *Quartar* 61 (2014): 129–145.

Kobayashi, H., and S. Kohshima. "Unique Morphology of the Human Eye and Its Adaptive Meaning: Comparative Studies on External Morphology of the Primate Eye." *Journal of Human Evolution* 40, no. 5 (2001): 419–435.

Kolodny, Oren, and Shimon Edelman. "The Evolution of the Capacity for Language: The Ecological Context and Adaptive Value of a Process of Cognitive Hijacking." *Philosophical Transactions of the Royal Society B* 373 (2018). doi:10.1098/rstb.2017.0052

Kolodny, Oren, and Marcus W. Feldman. "A Parsimonious Neutral Model Suggests Neanderthal Replacement Was Determined by Migration and Random Species Drift." *Nature Communications* 8, no. 1040 (2017). doi:10.1038/s41467-017-01043-z

Lachance, J., et al. "Evolutionary History and Adaptation from High-Coverage Whole-Genome Sequences of Diverse African Hunter-Gatherers." *Cell* 150 (2012): 457–469.

Laland, Kevin N. *Darwin's Unfinished Symphony: How Culture Made the Human Mind*. Princeton, NJ: Princeton University Press, 2017.

Lee, Sang-Hee. *Close Encounters with Humankind: A Paleoanthropologist Investigates Our Evolving Species*. New York: W. W. Norton and Company, 2018.

Lents, Nathan. *Human Errors: A Panorama of Our Glitches, from Pointless Bones to Broken Genes*. Boston: Houghton Mifflin Harcourt, 2018.

Levy, Adam. "How Evolution Builds Genes from Scratch." *Nature* 574 (2019): 314–316.

Lombard, Marlize, and Laurel Phillipson. "Indications of Bow and Stone-Tipped Arrow Use 64,000 Years Ago in KwaZulu-Natal, South Africa." *Antiquity* 84, no. 325 (2010): 635–648.

Lopez, Juan Carlos, and Diana Lopez. "Killer Whales (*Orcinus orca*) of Patagonia, and Their Behavior of Intentional Stranding While Hunting Nearshore." *Journal of Mammalogy* 66, no. 1 (1985): 181–183.

Louys, Julien, et al. "Characteristics of Pleistocene Megafauna Extinctions in Southeast Asia." *Palaeo-*
geography, Palaeoclimatology, Palaeoecology 243 (2007): 152–173.

Lovejoy, C. Owen, et al. "The Pelvis and Femur of *Ardipithecus ramidus*: The Emergence of Upright Walking." *Science* 326, no. 5949 (2009): 71–76.

MacPhee, Ross D. E. *End of the Megafauna*. New York: W. W. Norton and Company, 2018.

Marean, Curtis W., et al. "Early Human Use of Marine Resources and Pigment in South Africa During the Middle Pleistocene." *Nature* 449 (2007): 905–908.

Marino, Lori. "Turning the Empirical Corner on Fi : The Probability of Complex Intelligence." In *Bioastronomy '99: A New Era in Bioastronomy*, ASP Conference Series, vol. 213, edited by Guillermo A. Lemarchand and Karen J. Meech, 431–435. San Francisco, CA: Astronomical Society of the Pacific, 2000.

Martinez, I., et al. "Auditory Capacities in Middle Pleistocene Humans from the Sierra de Atapuerca in Spain." *Proceedings of the National Academy of Sciences* 101, no. 27 (2004): 9976–9981.

Martinez, I., et al. "Human Hyoid Bones from the Middle Pleistocene Site of the Sima de los Huesos (Sierra de Atapuerca, Spain)." *Journal of Human Evolution* 54, no. 1 (2008): 118–124.

Marzluff, John M., and Tony Angell. *In the Company of Crows and Ravens*. New Haven, CT: Yale University Press, 2005.

Maslin, Mark. *The Cradle of Humanity: How the Changing Landscape of Africa Made Us So Smart*. Oxford, UK: Oxford University Press, 2017.

Matchan, Erin L., et al. "Early Human Occupation of Southeastern Australia: New Insights from 40Ar/39Ar Dating of Young Volcanoes." *Geology* 48, no. 4 (2020): 390–394. doi:10.1130/G47166.1

Matze, Lobke. "The Middle Pleistocene Fauna from Schöningen (Lower Saxony,

Germany): What Do the Large Mammals Tell Us?" Master's thesis, Leiden University, 2010. https://studenttheses.universiteitleiden.nl/handle/1887/18818

McPherron, Shannon P., et al. "Evidence for Stone-Tool-Assisted Consumption of Animal Tissues Before 3.39 Million Years Ago at Dikika, Ethiopia." *Nature* 466 (2010): 857–860.

Mithen, Steven. *After the Ice: A Global Human History 20,000–5,000 BC*. London: Weidenfeld and Nicolson Ltd., 2003.

Morgan, T. J. H., et al. "Experimental Evidence for the Co-Evolution of Hominin Tool-Making, Teaching, and Language." *Nature Communications* 6 (2015): 6029. doi:10.1038/ncomms7029

Nielsen, Rasmus, et al. "Tracing the Peopling of the World Through Genomics." *Nature* 541 (2017): 302–310.

Noss, Andrew, and Barry Hewlett. "The Contexts of Female Hunting in Central Africa." *American Anthropologist* 103, no. 4 (2001): 1024–1040.

Pääbo, Svante. *Neanderthal Man: In Search of Lost Genomes*. New York: Basic Books, 2014.

Pagel, Mark. *Wired for Culture: Origins of the Human Social Mind*. New York: W. W. Norton and Company, 2013.

Peigne, Stephanie, et al. "A New Machairodontine (Carnivora, Felidae) from the Late Miocene Hominid Locality of TM 266, Toros-Menalla, Chad." *Comptes Rendus Palevol* 4, no. 3 (2005): 243–253.

Pereltsvaig, Asya. *Languages of the World: An Introduction*. Cambridge, UK: Cambridge University Press, 2017.

Petr, Martin, et al. "The Evolutionary History of Neanderthal and Denisovan Y Chromosomes." *Science* 369, no. 6511 (2020): 1653–1656.

Pike, A. W. G., et al. "U-Series Dating of Paleolithic Art in 11 Caves in Spain." *Science* 336, no. 6087 (2012): 1409–1413.

Pinker, Steven. *The Language Instinct: How the Mind Creates Language*. New York: William Morrow and Company, 1994.

Pongracz, Jodie D., et al. "Recent Hybridization Between a Polar Bear and Grizzly Bears in the Canadian Arctic." *Arctic* 70, no. 2 (2017): 151–160.

Potts, Richard, and Christopher Sloan. *What Does It Mean to Be Human?* Washington, DC: National Geographic Society, 2010.

Potts, Richard, et al. "Environmental Dynamics During the Onset of the Middle Stone Age in Eastern Africa." *Science* 360, no. 6384 (2018): 86–90.

Price, Michael, et al. "Africans, Too, Carry Neanderthal Genetic Legacy." *Science* 367, no. 6477 (2020): 497.

Prüfer, Kay, et al. "A Genome Sequence from a Modern Human Skull over 45,000 Years Old from Zlatý Kůň in Czechia." *Nature Ecology and Evolution* (2021): doi:10.1038/s41559-021-01443-x

Pu, L., et al. "Preliminary Study on the Age of Yuanmou Man by Palaeomagnetic Technique." *Scientia Sinica* 20, no. 5 (1977): 645–664.

Quammen, David. *The Song of the Dodo: Island Biogeography in an Age of Extinction*. New York: Scribner, 1996.

Quammen, David. *The Tangled Tree: A Radical New History of Life.* New York: Simon and Schuster, 2018.

Radovčić, Davorka, et al. "Evidence for Neandertal Jewelry: Modified White-Tailed Eagle Claws at Krapina." *PLOS ONE* 10, no. 3 (2015): e0119802. doi:10.1371.0119802

Raia, Pasquale, et al. "Past Extinctions of *Homo* Species Coincided with Increased Vulnerability to Climate Change." *One Earth* 3, no. 4 (2020): 480–490.

Raichlen, D. A., et al. "Laetoli Footprints Preserve the Earliest Direct Evidence of Human-Like Bipedal Biomechanics." *PLOS ONE* 5, no. 3 (2010): e9769. doi:10.1371/journal.pone.0009769

Reed, D. L., et al. "Pair of Lice Lost or Parasites Regained: The Evolutionary History of Anthropoid Primate Lice." *BioMed Central Biology* 5, no. 7 (2007).●

Reich, David. *Who We Are and How We Got Here: Ancient DNA and the New Science of the Human Past*. New York: Vintage Books, 2018.

Reumer, Jelle W. F., et al. "Late Pleistocene Survival of the Saber-Toothed Cat *Homoterium* in Northwestern Europe." *Journal of Vertebrate Paleontology* 23, no. 1 (2003): 260–262.

● 솔직히 얘기하자면 이 참고자료는 본문 내용과 전혀 연관이 없습니다. 인간의 머리, 음부, 몸에 사는 이가 어떻게 진화해왔는지에 푹 빠져들었다가 그 결과물만 여러분께 보여드리기로 결정했기 때문이에요. 그렇지만 **역사상** 최고의 과학 기사 제목이죠.

Rizal, Yan, et al. "Last Appearance of *Homo erectus* at Ngandong, Java, 117,000 to 108,000 Years Ago." *Nature* 577 (2020): 381–385.

Rodgers, Alan R., et al. "Neanderthal-Denisovan Ancestors Interbred with a Distantly Related Hominin." *Science Advances* 6, no. 8 (2020). doi:10.1126/sciadv.aay5483

Ruff, Christopher B., et al. "Body Mass and Encephalization in Pleistocene Homo." *Nature* 387 (1997): 173–176.

Sala, Nohemi, et al. "Lethal Interpersonal Violence in the Middle Pleistocene." *PLOS ONE* 10, no. 5 (2015). doi:10.1371/journal.pone.0126589

Sanz, Crickette, et al. *Tool Use in Animals: Cognition and Ecology*. Cambridge, UK: Cambridge University Press, 2013.

Schaller, George S. *Golden Shadows, Flying Hooves*. New York: Alfred A. Knopf, 1973.

Schaller, George S. *The Serengeti Lion: A Study of Predator-Prey Relations*. Chicago: The University of Chicago Press, 1972.

Schoch, Werner H., et al. "New Insights on the Wooden Weapons from the Paleolithic Site of Schöningen." *Human Evolution* 89 (2015): 214–225.

Schultz, Susanne, et al. "Hominin Cognitive Evolution: Identifying Patterns and Processes in the Fossil and Archeological Record." *Philosophical Transactions of the Royal Society B* 367 (2012): 2130–2140.

Sejnowski, Terrance. "Wired for Intelligence." In *Sydney Brenner's 10-on-10: The Chronicles of Evolution*, edited by Sydney Brenner, 139–149. Singapore: Wildtype Books, 2019.

Senut, B., et al. "First Hominid from the Miocene (Lukeino Formation, Kenya)." *Comptes Rendus de l'Académie des Sciences—Series IIA—Earth and Planetary Science* 332 (2001): 137–144.

Slon, Viviane. "The Genome of the Offspring of a Neanderthal Mother and a Denisovan Father." *Nature* 561 (2018): 113–116.

Smith, Tanya M. *The Tales Teeth Tell: Development, Evolution, Behavior*. Cambridge, MA: The MIT Press, 2018.

Spawls, Stephen, et al. *Field Guide to East African Reptiles*. London: Bloomsbury Natural History, 2018.

Spawls, Stephen, et al. *Reptiles and Amphibians of East Africa*. Princeton, NJ: Princeton University Press, 2006.

Stanford, Craig. *Apes of the Impenetrable Forest: The Behavioral Ecology of Sympatric Chimpanzees and Gorillas*. Upper Saddle River, NJ: Pearson Prentice Hall, 2008.

Stanford, Craig. *The New Chimpanzee: A Twenty-First-Century Portrait of Our Closest Kin*. Cambridge, MA: Harvard University Press, 2018.

Sterelny, Kim. *The Evolved Apprentice: How Evolution Made Humans Unique*. Cambridge, MA: The MIT Press, 2012.

Sterelny, Kim. "Language, Gesture, Skill: The Co-Evolutionary Foundations of Language." *Philosophical Transactions of the Royal Society B* 367 (2012): 2141–2151.

Stewart, Mathew, et al. "Human Footprints Provide Snapshot of Last Interglacial Ecology in the Arabian Interior." *Science Advances* 6, no. 38 (2020). doi:10.1126/sciadv.aba8940

Stout, Dietrich. "Tales of a Stone Age Neuroscientist." *Scientific American*, April 2016, 29–35.

Stout, Dietrich, and Nada Khreisheh. "Skill Learning and Human Brain Evolution: An Experimental Approach." *Cambridge Archeological Journal* 25, no. 4 (2015): 867–875.

Stringer, Chris. "The Origin and Evolution of *Homo sapiens*." *Philosophical Transactions of the Royal Society B* 371, no. 1698 (2016). doi:10.1098/rstb.2015.0237

Suddendorf, Thomas. *The Gap: The Science of What Separates Us from Other Animals*. New York: Basic Books, 2013.

Sugden, Andrew M., et al. "Dating the Drimolen Hominins." *Science* 368, no. 6486 (2020): 42–44.

Sutikna, Thomas, et al. "The Spatio-Temporal Distribution of Archaeological and Faunal Finds at Liang Bua (Flores, Indonesia) in Light of the Revised Chronology for *Homo floresiensis*." *Journal of Human Evolution* 124 (2018): 52–74.

Tomasello, Michael. *A Natural History of Human Thinking*. Cambridge, MA: Harvard University Press, 2014.

Trinkaus, Erik, et al. "External Auditory Exostoses Among Western Eurasian Late Middle and Late Pleistocene Humans." *PLOS ONE* (2019). doi:10.1371/journal.pone.0220464

Turner, Alan. *The Big Cats and Their Fossil Relatives*. New York: Columbia University Press, 1997.

Tyler, D. E., and S. Sartono. "A New *Homo erectus* Cranium from Sangiran, Java." *Human Evolution* 16, no. 1 (2001): 13–25.

Unger, Peter S. *Evolution's Bite*. Princeton, NJ: Princeton University Press, 2017.

United Nations Educational, Scientific, and Cultural Organization (UNESCO). "Cueva de las Manos, Río Pinturas." https://whc.unesco.org/en/list/936/

Vanhaeren, Marian, et al. "Middle Paleolithic Shell Beads in Israel and Algeria." *Science* 312, no. 5781 (2006): 1785–1788.

Vignaud, Patrick, et al. "Geology and Palaeontology of the Upper Miocene Toros-Menalla Hominid Locality, Chad." *Nature* 418 (2002): 152–155.

Villa, Paola, et al. "Neandertals on the Beach: Use of Marine Resources at Grotta dei Moscerini (Latium, Italy)." *PLOS ONE* 15, no. 1 (2020). doi:10.1371/journal.pone.0226690

Ward, Carol V., et al. "A Late Miocene Hominid Partial Pelvis from Hungary." *Journal of Human Evolution* 136 (2019). doi:10.1016/j.jhevol.2019.102645

Welker, Fredo, et al. "Enamel Proteome Shows that *Gigantopithecus blacki* Was an Early Diverging Pongine." *Nature* 576 (2019): 262–265.

Wengrow, David. *What Makes Civilization? The Ancient Near East and the Future of the West*. Oxford, UK: Oxford University Press, 2010.

Weyrich, Laura S., et al. "Neanderthal Behavior, Diet, and Disease Inferred from Ancient DNA in Dental Calculus." *Nature* 544 (2017): 357–361.

White, Randall, et al. "Still No Archeological Evidence that Neanderthals Created Iberian Cave Art." *Journal of Human Evolution* 144 (2020). doi:10.1016/j.jhevol.2019.102640

White, Tim, et al. "*Ardipithecus ramidus* and the Paleobiology of Early Hominids." *Science* 326, no. 5949 (2009): 64–86.

Wilifried, Ebang, and Juichi Yamagiwa. "Use of Tool Sets by Chimpanzees for Multiple Purposes in Moukalaba-Doudou National Park, Gabon." *Primates* 55, no. 4 (2014): 467–472.

Wilson, E. O. *The Origins of Creativity*. New York: W. W. Norton and Company, 2017.

World Wildlife Fund. *Living Planet Report 2020: Bending the Curve of Biodiversity Loss*. Gland, Switzerland: World Wildlife Fund, 2020.

Wrangham, Richard. *Catching Fire: How Cooking Made Us Human*. New York: Basic

Books, 2009.

Wrangham, Richard. "Control of Fire in the Paleolithic: Evaluating the Cooking Hypothesis." *Current Anthropology* 58, no. S16 (2017): S303–S313. doi:10.1086/692113

Wu, Liu, et al. "The Earliest Unequivocally Modern Humans in Southern China." *Nature* 526 (2015): 696–699.

Wynn, Thomas, et al. "An Ape's View of the Oldowan Revisited." *Evolutionary Anthropology: Issues, News and Reviews* 20, no. 5 (2011): 181–197.

Wynn, Thomas, and John Gowlett. "The Handaxe Reconsidered." *Evolutionary Anthropology: Issues, News and Reviews* 27 (2017): 21–29.

Zhao, L. X., and L. Z. Zhang. "New Fossil Evidence and Diet Analysis of *Gigantopithecus blacki* and Its Distribution and Extinction in South China." *Quarternary International* 286 (2013): 69–74.

Zhu, Zhaoyu, et al. "Hominin Occupation of the Chinese Loess Plateau Since About 2.1 Million Years Ago." *Nature* 559 (2018): 608–612.

Zilhao, J., et al. "Last Interglacial Iberian Neandertals as Fisher-Hunter-Gatherers." *Science* 367, no. 6485 (2020): 1443. doi:10.1126/science.aaz7943

Zink, Katherine D., and Daniel F. Lieberman. "Impact of Meat and Lower Palaeolithic Food Processing Techniques on Chewing in Humans." *Nature* 531 (2016): 500–503.

이미지 출처

뒤표지: buteo/stock.adobe.com.

속표지 및 서문: pp.ii – iii: Javier Trueba/MSF/Science Source; pp.vi: Dr. Habiba Chirchir.

들어가며: p.ix: NASA and marcel/stock.adobe.com.

우리는 어떻게 시작했을까: p.3: Martin Harvey/Science Source.

1단계: p.8: Kenneth Garrett; p.16: Javier Trueba/MSF/Science Photo Library; p.18: Brett Eloff.

2단계: p.22: Andy Comins; p.25: Javier Trueba/MSF/Science Photo Library; p.29: Sinclair Stammers/ Science Photo Library; p.32: Human Origins Program, NMNH, Smithsonian Institution.

3단계: p.38: Pamela S. Turner; p.40: Human Origins Program, NMNH, Smithsonian Institution; p.45: Tony Berlant Collection, Courtesy Nasher Sculpture Center, Dallas; p.46: John Reader/Science Photo Library.

4단계: p.55: Wim Lustenhouwer, VU University Amsterdam, Naturalis Biodiversity Center; p.56: Pamela S. Turner; p.60: Kenneth Garrett.

5단계: p.65: Denis-Huot/Nature Picture Library/Science Photo Library; p.71: Philippe Psaila/Science Source; p.74: Tony Berlant Collection, Courtesy Nasher Sculpture Center, Dallas.

6단계: p.79: Ivan Kuzmin/Science Source; p.80: Department of Archaeology, McGregor Museum, South Africa; p.87: Javier Trueba/MSF/Science Source; p.89: Volker Minkus, Niedersächsisches Landesamt fur Denkmalpfiege; p.90: Reproduced by permission of University of Cambridge Museum of Archaeology and Anthropology (1916.82/Record 2).

7단계: p.95: Mohammed Kamal, MPI-EVA Leipzig, License: CC-BY-SA 2.0; p.98: Human Origins Program, NMNH, Smithsonian Institution; p.99: C. D. Standish, A. W. G. Pike and D. L. Hoff- mann; p.101: Kenneth Garrett; p.103: MPI-EVA Leipzig; p.105: Beawiharta Beawiharta/Reuters/ Alamy Stock Photo; p.112 (top left): Maxime Aubert, (top right): "Lion Man" sculpture, photo by O. Kuchar, copyright Museum Ulm, (bottom): Javier Trueba/MSF/Science Photo Library; p.113: Bridgeman Images.

결론: p.120: Adam Brumm, Ratno Sardi, and Adhi Agus Oktaviana; p.121 (top): Marcos Diez, (bottom): Wayne Lawler/Science Photo Library; p.122 (top): David Coulson/Trust for African Rock Art, (bottom): alphacero/stock.adobe.com.

작가의 말: p.131: Javier Trueba/MSF/Science Source.

배경 지도: dziewul/stock.adobe.com.

그 밖의 다른 이미지는 존 거치의 창작물입니다.

찾아 보기

이탤릭체로 쓰인 페이지 번호는 이미지나 지도를 가리킨다.

ㄱ

가르치는 일 86~88

걷기 *24*, 28~31, 35~37, 44~45, 58, 64

고릴라 17, 20~21, 22, 33, 73~74, 104, 115, 117, 183

공감 90~91

공존

　침팬지와 고릴라의 공존 73~74

　호미닌의 공존 74, 139, 146~150, 167

그림 143, 144, 160~162, 186

근육 조절

　근육 조절과 언어 생성 116~120

　근육 조절과 도구 만들기 118, 120

기간토피테쿠스 블라키 83, 187

기억력 54, 55, 62, 79, 86, 98

기후 변화 74, 83, 166, 184~187

ㄴ

나리오코토메 소년 *67*, 67~69, *68*, *70*, *78*, 79, 86, 90, 120

낫 모양 적혈구 빈혈증 178~179

네안데르탈인(→ 호모 네안데르탈렌시스 항목을 보라)

농경 145, 168, 169

뉴칼레도니아까마귀 44, *45*, 87

ㄷ

데니소바인 *121*

　의사소통 127

　멸종 167

　다른 호미닌과의 유전적 관계 123, 147

　서식지 146~147, 150, 151

　다른 호미닌과의 교배 123, 147, 150, 167

데옥시리보핵산(→ DNA 항목을 보라)

도구

　아슐리안 도구 72, *73*, 100, *111*, 118, *119*, *131*

　대나무로 만든 도구 85

　도구의 연대 추정 186

　주먹도끼 72, *73*, 100, 118, *119*, *131*, 138

　로메크위 *48*

　올도완 51, 53, 72, 100

도구 만들기

　오스트랄로피테쿠스 45, 47~48, 50, 72, 118~119

　도구 만들기와 뇌 크기 53~54

　도구 만들기와 섬세한 근육 조절 118, 120

　도구 만들기와 젠더 51

호모 에렉투스 *72*, 85, *86*
호모 플로레시엔시스 153
호모 하빌리스 51, 53~54
호모 하이델베르겐시스 *111*, 118, *119*, 139
호모 네안데르탈렌시스 129~131, *131*, 143~144
호모 사피엔스 44, 58, 139, *140*
도구 만들기와 자연선택 50
도구 만드는 법을 가르치는 일 86
연기를 사용해 도구 만들기 102
도구를 사용해 다른 도구 만들기 44~45
도시의 형성 168~169, 170
돌고래 12, 14, 37, 53, 54, 64, 87~88, *88*, 110
돌봄 93~94, 131~132
드 노보 유전적 변화 181, 182
DNA
DNA 분석 182
DNA의 정의 19
데니소바인 147, *149*
드 노보 유전적 변화 181, 182
FOXP2 유전자 125~127
호모 네안데르탈렌시스 126, 149, 151
호모 사피엔스 145, 155
돌연변이 19

ㄹ

루손 섬 호빗(→ 호모 루조넨시스 항목을 보라)
루시(→ 오스트랄로피테쿠스 아파렌시스 항목을 보라)

ㅁ

마음 이론 91, 159, 160
매장 133
멜라닌 67
면역 체계 20~21
멸종 22, 27, 62, 73, 103, 145~146, 154, 165~167, 170
모닥불 103, 112 (→ 불 항목을 함께 보라)
문화적 진화 168~169

ㅂ

보노보 17, 22, 25, 26, 28~29, 31, 39, 69~70, 73, 115~118, *117*, 142
보노보의 유대 39, 69~70, 118
불
불의 장점 100~102
들불 98~99, *100*, 100~101
모닥불 103, 112
요리 가설 104~106
불을 사용한 증거 103~104, 107~108
호모 플로레시엔시스 152
호모 하이델베르겐시스 110, 112
호모 네안데르탈렌시스 148
호모 사피엔스 148
빙하기 156, 157, 166

ㅅ

사냥 34, 51, 53, 55, 64~66, 69, 71, 80, 87, 89, 93, 102, 110, 112, 116, 128, 130~132
사헬(→사헬란트로푸스 차덴시스 항목을 보라)
사헬란트로푸스 차덴시스 *30*, 31, *32*
사회생활
오스트랄로피테쿠스 아파렌시스 36~37, 39
오스트랄로피테쿠스 36~39
호모 에렉투스 71, 86
호모 하빌리스 55~56
호모 하이델베르겐시스 112
호모 네안데르탈렌시스 131~133
호모 사피엔스 156~159
사회생활과 불 103, 112
사회생활과 스토리텔링 158~160
상징적 사고 39~40, 85~86, 141~142, 143~144, 157, 161~162
새긴 흔적 85~86, *86*, 143, *144*
서식지
아르디피테쿠스 카다바 31, *32*
아르디피테쿠스 라미두스 *32*, 33
오스트랄로피테쿠스 34
데니소바인 146~147, 150, 151
호모 에렉투스 73, 74, 80, *81*, 82, 85
호모 플로레시엔시스 *121*, 151, 153
호모 하빌리스 52
호모 하이델베르겐시스 *121*
호모 네안데르탈렌시스 *121*, 123
호모 사피엔스 138~139, 144~145, 154~155
오로린 투게넨시스 31, *32*
사헬란트로푸스 차덴시스 31, *32*
설골 126~127
성 선택 181
소화 21, 50, 101, 106, 177~179
손도장 *172~174*
손쓴사람(→호모 하빌리스 항목을 보라)
수어 41~42
수평적 유전자 이동 182
스토리텔링 158~160
식인 132

ㅇ

아르디(→아르디피테쿠스 라미두스 항목을 보라)
아르디피테쿠스 라미두스 *32*, 33
아르디피테쿠스 카다바 31, *32*, 32, 34, 167
아메리카 대륙 148, *155*, 168
아슐리안 도구 (→주먹도끼 항목을 보라)
아시아 75, *81*, 82~85, *86*, 90, 110, *121*, 123, 146~148, 150, 151, 153, *155*, 157, 160, 165, 167, 168, 179, 184
아프리카
동물의 다양성 34, 79
아르디피테쿠스 카다바(→아르디피테쿠스 카다바 항목을 보라)

아르디피테쿠스 라미두스
(→아르디피테쿠스 라미두스 항목을 보라)

오스트랄로피테쿠스 아파렌시스
(→오스트랄로피테쿠스 아파렌시스 항목을 보라)

오스트랄로피테쿠스 아프리카누스
(→오스트랄로피테쿠스 아프리카누스 항목을 보라)

동아프리카 지구대 25, *32*, 34, 46, 52, *70*

호모 에렉투스 *60*, 61~81, *67*, *68*, *70*, *75*, *81*, 165 (→호모 에렉투스 항목을 함께 보라)

호모 하빌리스(→호모 하빌리스 항목을 보라)

호모 하이델베르겐시스 109~112, *114*, 118~123, *121*, 139, 147, 150~151 (→호모 하이델베르겐시스 항목을 함께 보라)

호모 사피엔스 138~139, 144~145, 148, 154, *155* (→호모 사피엔스 항목을 함께 보라)

나리오코토메 소년 *67*, 67~69, *68*, *70*, *78*, 79, 86, 90, 120

올두바이 협곡 51

오로린 투게넨시스(→오로린 투게넨시스 항목을 보라)

사헬란트로푸스 차덴시스(→사헬란트로푸스 차덴시스 항목을 보라)

사바나의 생활 46~47, 79~80, 97~98, *100*

양육 122, 132

에렉투스(→호모 에렉투스 항목을 보라)

FOXP2 125~127

영성 132~133

영장류 17, *16*, 18, 22, 31, 36~37, 44, 61, 67, 85, 107, 115, 117, 179

오로린 투게넨시스 31, *32*, 34, 167

오로린(→오로린 투게넨시스 항목을 보라)

오스트랄로피테쿠스 아파렌시스 *24*, *32*, *35*

오스트랄로피테쿠스 아파렌시스와 기후 변화 63

'루시' 34~36, *42*, *68*

사회생활 36~37, 39

도구 사용 46

오스트랄로피테쿠스 아프리카누스 *24*, *32*, 39

'타웅 아이' 37~39

오스트랄로피테쿠스(→오스트랄로피테쿠스 아파렌시스, 오스트랄로피테쿠스 아프리카누스 항목을 함께 보라)

뇌의 크기와 발달 37, 45, 52, 63

출산 121

의사소통 37, 56

멸종 110

다른 호미닌과의 유전적 관계 34

서식지 34

다른 호미닌과의 상호작용 73~74

신체적 특징 35, 36~37, 52

사회생활 36~39

도구와 도구 사용 45, 47~48, 50, 72,

118~119
똑바로 서서 걷기 *24*, 36
오스트레일리아 10, 38, *81*, *121*, 152, 154, *155*, 157, 159, 173
오커 172
요리
요리의 장점 100~102
들불의 결과로 생겨난 요리 98~99, *100*, 100~101
요리 가설 104~106
우생학 180
유당불내증 177~178
유대
보노보의 유대 39, 69~70, 118
모닥불 103, 112 (→불 항목을 함께 보라)
침팬지의 유대 39, 55, 69, 91
음식 공유 38, 54~56, 71, 93
스토리텔링 158
유럽 75, *81*, 82, *92*, 93, 103, 110, *121*, 123, 127, *130*, *131*, 139, 144, *145*, 146~149, 154~156, *155*, 160, 176~178
유전자
드 노보 유전적 변화 181, 182
유전적 다양성 22, 145, 184
유전 형질 19~21, 31, 33, 50, 52, 123, 126~127
유전체 19, 148~150, 167, 181, 182
유전자의 수평적 이동 182
유당불내증 177~178
돌연변이 19, 107, 126
유전자와 인종 176~180
유전자의 재편 19
낫 모양 적혈구 빈혈증 178~179
유전적 부동 181
음식
음식과 뇌의 크기 61, 64, 101, 104~106
음식 공유 38, 54~56, 71, 93
의사소통
오스트랄로피테쿠스 37, 56
보노보 115, 117~118, *117*, 142
침팬지 37, 89, 115, 117, 142
대화 주제 127~128
눈빛 신호 57~58
고릴라 115
의사소통과 듣기 126
호모 에렉투스 90
호모 하빌리스 56~57
호모 하이델베르겐시스 112, 118, 126~127
호모 네안데르탈렌시스 125~127
호모 사피엔스 89, 115~116
손가락으로 가리키기 89
스토리텔링 158~160
상징적 사고 39~40, 85~86, 141~142, 143~144, 157, 161~162
의사소통과 상징 115, 141~142, *144*, *145* 161~162

이론의 과학적 정의 106
이주 10, *81*, 82, 134, 145, 146, 148
인종
인종 개념 176
인종과 유전학 176~180
인종차별 176, 179~180
인종차별 반대 180

ㅈ

자연선택
기후 변화와 자연선택 62
협동과 자연선택 56
코로나19와 자연선택 21
자연선택의 정의 19, 21, 33, 180~181
질병과 자연선택 21
지능과 자연선택 53~54
자연선택과 종 분화 73
자연선택과 도구 만들기 50
잡종 74, 151
장신구 9, 143, 186
적응
뇌 크기의 증가 52~54, 61~64, 90, 104~106, 109~110, 120~122, 125
출산 120~122
기후 54, 61~64, 123~125, 138, 145~146
질병 20~21, 151, 177~179
언어 90, 116~120, 125~127, 129, 140~142
스토리텔링 158~160
가르치는 일과 배우는 일 86~88
도구 사용 50~53, 120
똑바로 서서 걷기 *24*, 28~31, 35~37, 44~45, 58, 64
조개 85, 101, 131, *131*, 143, 144, 146, 156
조지 샬러 46
종 분화 73
종 순수성이라는 신화 179
주먹도끼 72, *73*, 100, 118, *119*, *131*, 138
중동 103, 110, 123, 139, 143, 146, *147*, *155*, 168, *185*
진화 이론 10, 105~106, 180~184
질병
말라리아 178
질병과 자연선택 20~21, 151, 181, 183
낫 모양 적혈구 빈혈증 178~179
집단 정체성
집단 내부와 집단 외부 39, 132
인종적 집단 정체성 176
공유하는 가치 159

ㅊ

찰스 다윈 184
창 80, 125, 128~130, *130*
채취 약탈자 28, 54
출산 120~122
침팬지 17, 25~28, 31, 33, 35~39, 44~45, 48, 51, 52, 55, 69, 73~74, 87, 89, 91, 104, 115, 117, 120~122,

125~126, 142, 152
침팬지의 유대 39, 55, 69, 91

ㅋ

카다바 (→아르디피테쿠스 카다바 항목을 보라)

ㅌ

타웅 아이(→오스트랄로피테쿠스 아프리카누스 항목을 함께 보라)
타이런 헤이스 (박사) 180

ㅍ

포유류 17~18, 25, 26, 65, 79, 122, 170, 177
플로레스 섬 호빗(→호모 플로레시엔시스 항목을 보라)
피부색 66~67, 148, 179

ㅎ

하이델베르크인(→호모 하이델베르겐시스 항목을 보라)
혁신 46, 62, 99~100, 108~109, 157, 168
현생 대형 유인원 31, 67, 73, 118, 142 (→보노보, 침팬지, 고릴라, 호모 사피엔스 항목을 함께 보라)
호모 네안데르탈렌시스 *121*, 123
뇌 크기와 발달 125, 148
의사소통 125~127
멸종 166
서식지 123, 139, 146, 156
다른 호미닌과의 교배 148~151
신체적 특징 123~125, *124*, *147*, 148
사회생활 131~133
도구와 도구 사용 129~131, *131*, 143~144
호모 루조넨시스 *111*, 154, 166
호모 사피엔스
뇌 크기와 발달 37, 122, 125, 148
의사소통 89, 115~116 (→스토리텔링 항목을 함께 보라)
호모 사피엔스의 문화적 진화 168~169
유전적 변이형 176~178
서식지 138~139, 144~145, 154~155
다른 호미닌과의 교배 150~151, 155
거의 멸종할 뻔했던 호모 사피엔스 145~146
신체적 특징 134, *136*, 139, *147*, 148, *164*
인구 증가 168, 170
사회생활 156~159
스토리텔링 158~160
도구와 도구 사용 44, 58, 139, *140*
호모 에렉투스 *70* (→나리오코토메 소년 항목을 함께 보라)
뇌 크기와 발달 63~64, 90, 104, 110
의사소통 90
멸종 165
서식지 73, 74, 80, *81*, 82, 85
먹잇감 사냥 65~66
이주 82~83

신체적 특징 *60*, 63, 64, *75*, *105*
사회생활 71, 86
도구와 도구 사용 72, 85, *86*
호모 플로레시엔시스 *84*
멸종 166
서식지 *121*, 151, 153
신체적 특징 151~152, *152*
도구와 도구 사용 153
호모 하빌리스 *70*, *75*
뇌 크기와 발달 52~53
호모 하빌리스와 기후 변화 61~62
의사소통 56~57
멸종 110
호모 하빌리스와 불 사용 103
서식지 52
다른 호미닌과의 상호작용 73~74
신체적 특징 *49*, 51, 52, *53*, *57*, *75*
사회생활 55~56
도구와 도구 사용 51, 53~54
호모 하이델베르겐시스 *121*
뇌 크기와 발달 110, 118, 120
의사소통 112, 118, 126~127
불 통제 109~112
서식지 110, 156
호모 사피엔스, 호모 네안데르탈렌시스, 데니소바인의 '부모' 종 109, 139, 147, 150
신체적 특징 110, 112, *114*
사회생활 112
도구와 도구 사용 *111*, 118, *119*, 139
호미닌 46
출산 120~122
호미닌과 불 100, 109
호미닌의 잡종 74, 147, 150, 151, 167
호빗(→ 호모 플로레시엔시스와 호모 루조넨시스 항목을 보라)
화석
화석과 탄소-14 186
화석의 연대 추정 184~186
단백질 유전 정보학 187
화석과 인공물의 연대 추정 184~187

사진과 그림으로 보는
인류 진화의 일곱 걸음

초판 1쇄 발행 2024년 3월 20일

지은이 패멀라 S. 터너 | 그린이 존 거치 | 옮긴이 장한라 | 감수 서울과학교사모임
펴낸이 임경훈 | 편집 김정희
펴낸곳 롤러코스터 | 출판등록 제2019-000296호
주소 서울시 마포구 월드컵북로 400 서울경제진흥원 5층 17호
전화 070-7768-6066 | 팩스 02-6499-6067 | 이메일 book@rcoaster.com

ISBN 979-11-91311-41-9 43470

롤러코스터
Rollercoaster
Press